U0159957

中国实木地板指南

孟荣富　主编
高志华　杨美鑫　执行主编

中国建材工业出版社

图书在版编目（CIP）数据

中国实木地板指南 / 孟荣富主编 . -- 北京 ： 中国建材工业出版社，2022.2
ISBN 978-7-5160-3331-9

Ⅰ. ①中… Ⅱ. ①孟… Ⅲ. ①实木地板—中国—指南 Ⅳ. ① TU531.1-62

中国版本图书馆 CIP 数据核字（2020）第 207427 号

中国实木地板指南

Zhongguo Shimu Diban Zhinan

孟荣富　主编

出版发行：中国建材工业出版社
地　　址：北京市海淀区三里河路 1 号
邮政编码：100044
经　　销：全国各地新华书店
印　　刷：北京中科印刷有限公司
开　　本：787mm×1092mm　1/16
印　　张：14.25
字　　数：310 千字
版　　次：2022 年 2 月第 1 版
印　　次：2022 年 2 月第 1 次
定　　价：86.00 元

作者介绍

主　　编：孟荣富

孟荣富，富得利集团总裁。在经营管理企业的同时不断学习，2005—2006年取得浙江大学工商管理培训班结业证；2007—2008年取得清华大学总裁培训班MBA结业证；2009—2011年取得美国太平洋州立大学（Pacific States University）工商管理DBA学位。出版著作2本；负责起草标准1项；参与起草标准16项，专利6项。

执行主编：高志华　杨美鑫

高志华，1934年出生，杭州市人，教授。从事地板行业工作30多年，曾任中国木材流通协会副会长、中国木材流通协会木地板专业委员会会长，其间积极倡导"木材综合利用"，连续8年带领企业捐款植树造林，荣获"中国绿化基金会特殊贡献奖""北京林业大学支持奖"；积极推行"地板质量售后服务"双承诺，荣获"中国木材流通协会特别贡献奖""中国林产工业协会终身荣誉奖"，被尊称为"中国地板行业拓荒者"。

杨美鑫，1937年出生，上海市人，副教授。曾任中国木材流通协会地板专业委员会副会长和地板行业专业技术培训主讲导师、专家组组长；主持并制定了木地板铺设技术、地面辐射供暖木质地板铺设技术和验收规范等十余项行业标准；编著了《中国木地板实用指南》《中国强化木地板实用指南》《中国实木地板实用指南》《中国三层实木地板实用指南》《木工安全技术》《中国木门300问》等专业图书。

序　言

　　2021 年正值中国共产党成立一百周年，也是富得利集团（简称富得利）创立二十七周年。二十七年间，无论是国家、企业，还是个人，都经历了巨大的变革。对于地板行业来说，从产品革新、品牌意识到营销模式，都关系到消费者的利益，也关系到地板企业本身的发展。富得利在巨大的变革中不断地去适应，无论是被变革还是去变革，始终有一点未变，那就是"专业、专一、专注"于木地板产业。也正是因为如此，富得利得以持续发展和进步。

　　回首过去二十七年富得利的成长与发展，无不伴随着改革创新的步伐。富得利坚持踏踏实实地发展实业，专注于木地板产业，在改革浪潮中茁壮成长，不断适应新的商业形式需求，领会追赶新的技术，继承和发扬浙商"敢闯、敢冒、敢为天下先"的优良传统，全体富得利人栉风沐雨、同心共筑，取得了卓越的成绩。面对新常态下的工业技术革命，富得利人深知，唯有创新才是驱动发展的持续动能。

　　富得利是中国地板行业发展的见证者，亦是推动者。早在行业发展的草莽时代，富得利集数年实木地板生产、销售、售后服务的实际经验及国外先进技术、营销理念，编著了《中国实木地板实用指南》一书。随着商业形式和技术的不断创新，在信息化和工业化深度融合的工业技术革命中，富得利不断创新，持续改进，现编写《中国实木地板指南》，为广大消费者在选购、使用、维护实木地板过程中作些科学的指导，力争为实木地板生产同仁、销售商在生产、销售及售后服务等方面提供参考。

　　初心易得，始终难守。在今后的日子里，富得利将永不停歇，用历史映照现实，远观未来，看清楚二十七年中取得的成绩和存在的不足，弄明白未来如何持续经营，续写成功。我们愿与行业同仁一起，为中国地板行业发展贡献自己的绵薄之力，共同推动中国地板行业高质量发展。

富得利集团总裁　孟荣富

2021 年 10 月

目 录

第三篇　实木地板生产

第四篇 实木地板用涂料与配件

第五篇　实木地板铺装与营销

第六篇 实木地板售后服务与案例分析

附 录

绪　论

实木地板由天然的健康的木材加工而成，是任何人造材料或者石材都不能替代的绿色环保地面装饰材料。因此，实木地板自古至今一直深得人们的青睐。

一、实木地板的渊源与古代实木地板的发展

实木地板是中国最古老的地面装饰材料，追溯到古代，几乎历朝历代的宫殿内地面上都铺设有实木地板。

1973 年，中国考古工作者在浙江余姚市河姆渡镇进行发掘时发现，河姆渡遗址中一幢最大的建筑物，在其基础木桩上架设有纵横交错的地梁，地梁上铺设有 6cm 厚的实木板，在侧面有洞形似榫槽眼。

除了在河姆渡遗址中发现了实木地板的雏形之外，考古工作者又在浙江省杭州市瓶窑镇的遗址中发掘出大批文物，其中发现埋在地底下的木桩及底架上架设有横梁和架设有粗糙不平原始状的实木板。

从上述两地考古工作者挖掘出的文物实物就可得出一个结论，自人类结庐而居就开始在地面铺设实木板，形似实木地板，可以说是中国历史上最为悠久的地面装饰材料。

随着人类社会的进步，手工业随之发展。因此，手工工具应运而生，特别是木工工具的诞生，给加工实木地板的工具起到了至关重要的影响。据陕西省考古研究院的公告，2014 年在陕西省清涧县的辛庄，考古工作者在挖掘中发现了商代晚期建筑遗址，遗址中保存有主体建筑和两级落差的回廊。在该遗址保留的主体建筑中，发现了 3000 多年前留存的木地板。该木地板嵌入地面，有以下 3 个特点：

一是为保持表面平整木地板嵌入地面深浅度不相同，说明木地板的厚度不一样。

二是木地板两端均嵌入夯土内，在其四周以横木压住，形状好像当前所使用的踢脚线，作用也与踢脚线作用相同，使木地板使用时更加稳固。

三是木地板表面有加工的痕迹，虽然较粗糙，但表面已呈现出平整的形状。

从上述可分析出，与河姆渡时期遗址中发现的实木地板的雏形相比，木材加工技术已有了精度的追求，并且实木地板制造和铺设已向平整、耐用、稳固的方向改进。特别是实木地板的配件——贴脚线已有雏形。

据史册记载，在北宋时期有两位杰出的建筑理论家喻皓与李诫。喻皓既精通木工技术，又擅长木塔制造，在木塔的各层楼面上铺设木板，用钉相连并固定，使木塔牢固；而李诫善于将实践操作总结成文字，他在当时编写的建筑书《营造法式》一书中，详细记载了大木作、小木作、雕作、石作等十三种工程的尺度标准及基本操作要领，其中也包含木地板的用尺、制作规范等内容。因此，在宋代实木地板已达到表面平整、地板等厚的铺设要求。但是因实木地板价格高，平民百姓还不能接受，所以仅局限于官用建筑、官宅、殷实的富商使用。

中国实木地板发展到明朝时期，既保留了宋朝的技艺，又进行了改进提高，特别是郑成功七下西洋，需要跨海航行，必须制造稳固耐用的大型木质船舶，从而促使中国在制造木质大船中逐渐积累木材养生、防腐、封闭油漆等相关技术知识，保证大型木质船舶安全行驶，中国也因此出现了郑成功七下西洋的奇迹。

大型木质船制造技术的发展也促进了实木地板生产工艺，借鉴木质船制造工艺，如加工前木材自然养生技术、安装后涂刷桐油进行封闭，有效提高了实木地板的尺寸稳定性。

随着社会的发展进步，到明朝中期，商业繁荣，安徽徽州富商等纷纷到杭州、金陵、扬州等较富裕的城镇开设商铺并移居当地，大兴土木建住宅，使徽派建筑风格的民居在江苏、浙江、江西富裕城镇落地，深受当地居民喜爱。

徽派建筑风格的民居往往有两层多进、中开天井，其二楼穿堂的地面多为木地板，儒雅温润，深得文人们的喜爱。徽派建筑在明清两代发展较快。因此，在民居中使用实木地板已普及到普通老百姓家中。与此同时，这也促进实木地板生产工艺的发展，特别是木材尺寸的稳定性，从木材自然干燥、养生，发展到在烤房用火烤，干燥木材，使木材含水率的控制更为准确，其干燥周期也大大缩短。

二、近代实木地板的发展

我国实木地板应用历史已有 6000 多年之久。

民国时期在江南长江沿海发达城镇实木地板已普及到民宅，特别是上海等大城市，从高级住宅洋房到棚户区贫民住宅，其卧室几乎都采用实木地板，不同的是，高级民宅采用的实木地板材种是细长条柚木地板或拼花地板，而穷困的棚户区居民在室内铺的是长条杉木条或低档的松木，其铺设方法都是采用木龙骨铺设法，将地板钉在龙骨架上。

中华人民共和国成立时百废待兴，森林资源匮乏。20世纪60年代建设部发文禁止木地板进入百姓家。随着改革开放政策的实施，商品房在市场随意交易，人民生活水平日益提高，人们对木材的自然属性情有独钟。自20世纪80年代开始，实木地板又重新进入千家万户，其发展历程大致可分为以下四个阶段。

第一阶段

20世纪80年代中期到90年代末期为实木地板发展的萌芽阶段。20世纪80年代初，随着改革开放政策的实施，人们的生活水平逐渐提高，房屋装修是当时人们改善生活水平的重要内容，室内装修风格崇尚自然。因此，由纯天然木材加工而成的实木地板深得人们喜爱，在此时也就走进了人们生活的空间。

最早的实木地板加工基地以吉林省敦化市、辽宁省抚顺市为中心，前店后厂、家庭作坊型加工厂如雨后春笋般发展起来，有2000多家，采用的原材料是国营林场采伐的枝桠材，以及加工家具与建筑材料剩余的短木料，加工成小型平口实木地板，其规格（长×宽×厚）为（150～300）mm×（30～50）mm×（8～12）mm，当时也称为拼花地板，材种皆为国产材，主要是柞木、水曲柳、桦木、榆木等材种，加工较粗糙，但在当时拼花地板独占木地板市场，出现了供不应求的现象。

实木地板营销在东北地区以沈阳为集散地，在华东地区以上海为中心，因此1985年在上海虹口区舟山路自发地形成了地板一条街，其销量呈直线上升，为此扩展到400m长的凤阳路。该路的沿街铺面一家紧挨一家销售实木地板。

当时的实木地板表面都是未做涂饰的白坯，工人用胶粘法铺设完成，就地用手提式电动砂光机砂光后，再手工涂刷油漆。从生产工艺到铺设阶段都是半机器半手工，其产品质量较粗糙。

第二阶段

20世纪80年代，由于一部分人对保护森林资源认识不足，对靠山吃山的错误理解造成乱砍滥伐情况十分严重，致使森林资源遭到人为破坏，木材供应紧张，原材料争夺激烈，又由于东北地区大部分企业的家庭作坊型生产规模小、设备落后，质量不佳，促使实木地板企业转战成都、广元、昆明、宝山等城市，此时加工的原材料材种为当地的西南桦、山榉木、水青冈、栗褐榄仁、黑胡桃等。实木地板的规格也逐渐增大，通常的规格（长×宽×厚）为600mm×70mm×18mm。表面都涂饰油漆，业内人士称为"漆板"。

第三阶段

以珠江三角洲为中心的实木地板加工基地形成，原材料以进口材为主。

1998年长江等江河流域地区的特大洪水，仅湖南省湖北省、江西省等地遭受了不同程度的灾害。政府启动天然林保护工程，出台相关规定，禁止采伐森林资源。由于西南地区木地板生产企业采用的原材料都是西南地区国产材，原料受到限制。而此时东南亚地区、南美等国纷纷通过中国珠江三角洲的港口将木材进口到国内。因此，与珠江三角洲港口相临的深圳、广州、中山、顺德、汕头等城市就地取材建厂生产实木地板。而进口的木材在当时均为大径级的阔叶材，材质物理性能好，采用现代木工设备进行开槽加工，产品精度有较大提升，表面皆采用工业化涂饰，使得实木地板的美观度进一步提高。在铺设方式上仍采用木龙骨铺装法。

第四阶段

21世纪初，地板拓荒者高志华在中国木材流通协会大力支持下，引领30家地板企业在市场推出"实木地板质量、售后服务"双承诺，促使实木地板企业经营理念提升，品牌意识提高，致使许多企业纷纷投入资金改进生产工艺，注重平衡养生，采取合理干燥工艺，添置国内外现代化木工机械设备进行开榫槽加工。涂装工艺也由手工操作提升为工业化绿色光固化UV涂料自动化生产流水线，生产出外观油漆质量和实木地板内在质量都能达到国际先进水平的实木地板，在营销中企业纷纷创建规范的营销团队，实施现代化营销。为此，在短短的几十年内，造就了一批全国和地区性的实木地板知名品牌，如大自然、安信、富林、世友、久盛、富得利、格尔森、融汇、永吉、徐家、鑫屋、林牌等品牌。其中众多品牌还以国内市场为基础走出国门，出口东南亚、美国、英国、加拿大等国家和地区。

为适应南北地区干湿度差异，铺装方法也逐渐从最古老的龙骨铺装法，发展到多种铺装法。发展至今，有龙骨铺装法、悬浮铺装法、直接胶粘法、毛地板垫底铺装等多种铺装法。

三、浙江"南浔"实木地板加工基地形成

南浔是江、浙、沪三地交界之地，而上海的黄浦江、江苏的张家港是实木地板和原料——木材最大进出口港口。南浔有地域优势，又有当地政府的积极支持。因此，到 2001 年，南浔地区已拥有 300 家大小不等的地板企业，2003 年南浔实木地板产量已达全国总销量的 50%，但是到 2004 年假冒伪劣品乘机而入，对市场冲击很大。在此期间，一部分企业没有消沉，而是更积极地面对，在生产技术上精益求精，在营销中紧抓售后服务，一小部分木地板企业在竞争中脱颖而出，从区域品牌提升为全国知名品牌，如世友、久盛、格尔森、永吉等。

在此期间，国内许多知名品牌抓住地域优势和政策优惠纷纷在此建分厂，同时也吸引国内外的采购商到该地进行包装加工，这就给当地的生产企业输入了产品质量、品牌意识和企业科学管理的先进理念，使得南浔呈现喜人的大好形势。

到 2006 年，南浔已是业内公认的全国实木地板品牌数量最多、最集中、生产规模最大、产业链最长的实木地板生产加工基地，因此，其被授予"中国实木地板之都"的称号。

在过去 30 多年中，科技发展、市场变化可谓翻天覆地，中国实木地板由小、散、低的手工家庭作坊，逐渐发展为工业化生产，实现了一个行业的振兴与发展。中国已被世界公认为木地板生产大国，拥有了自己的品牌和核心竞争力。

过去的 30 多年，是大浪淘沙的 30 多年，而未来的竞争会更加残酷，特别是 2020 年新冠肺炎疫情肆虐全球，国际实木地板贸易短路，国内实木地板销路持续下滑，在短短的一年多内为数不少的实木地板品牌被市场淹没，木地板品牌洗牌之势尤为突出，中国木地板未来之路如何走，是实木地板企业应深思的课题。

第一篇
木地板

第一章　木地板简介

第一节　木地板分类

一、木地板特点

室内地面是人们从事活动、摆放各类生活家具和设施的重要支撑面。铺在地面上的装饰材料繁多，从使用的材质来看，大致可分为以下几类。

（一）石材地面装饰材料

石材地面装饰材料包括大理石、花岗石、普通石材、瓷砖、砖石等材料。

（二）木质地面装饰材料

木质地面装饰材料包括实木地板、实木复合地板、强化木地板、竹地板、软木地板等材料。

（三）针织地面装饰材料

针织地面装饰材料包括纯毛地毯、化学纤维地毯、混纺地毯等材料。

（四）化学合成地面装饰材料

化学合成地面装饰材料包括块状或卷材塑料地面材料、人造革卷状地板革等材料。

（五）涂料地面装饰材料

涂料地面装饰材料包括环氧树脂涂布地面、聚氨酯涂布地面、不饱和聚酯涂布地面等材料。

综上所述，地面装饰材料中，木地板具有独特的性能和天然的木材纹理，使其与人有自然的亲和力，因此，深得消费者青睐。

木地板采用木材为原料，其质地决定了木地板是环保产品，并且木材的结构组成和木材的天然纹理，使其保温、保湿性能优于其他地面装饰材料，它能在不同的干、湿季节采用吸湿和放湿的方式来调节室内的温、湿度，使室内具有润泽的质感和自然柔和的触感，因而在室内铺装木地板后，室内会具有自然温馨、典雅庄重的视觉，脚感舒适，冬暖夏凉，干、湿度适宜等良好的生活体验，因而木地板已经成为消费者的首选。

二、木地板分类

随着人们生活水平的不断提高，为适应人们对地面装饰材料的需求，又为保护生态平衡，节约森林资源，企业利用现代科学技术，从最原始的木地板相继开发出多品种的木地板，如实木地板、实木复合地板、强化木地板、竹地板、软木地板。

（一）实木地板

目前我国实木地板有平口实木地板、企口实木地板、锁扣实木地板、拼花实木地板、竖木实木地板、指接实木地板等，详见第二节。

（二）实木复合地板

实木复合地板又分为三层实木复合地板、两层实木复合地板和多层实木复合地板。

1. 三层实木复合地板

由三层实木交错层压而成。其表层为优质硬质板条拼板，芯层为软木板条（针叶材），底层为旋切单板。该结构排列克服了木材单向同性易变形的缺点，同时又保留了实木地板的舒适脚感和天然木材原有的性能。

2. 两层实木复合地板

两层实木复合地板由表板与底层芯板交错两层排列组成。它的特性与三层实木复合地板相同，但其涂层面少于三层复合地板，因此与三层实木复合地板相比更环保。

3. 多层实木复合地板

多层实木复合地板是由多层实木胶合板为基材，以优质硬木片镶拼而成的为表材面板，面板与多层胶合板胶压而成的。其结构特点是相邻层板纤维互相垂直，克服了天然木材各向异性致使变形的缺点。它与三层实木复合地板、两层实木复合地板具有共同的特性，尺寸稳定性好。

（三）强化木地板

强化木地板由耐磨层、装饰层、芯层、防潮层胶压而成。这种地板的特点是花色品种鲜艳多彩，具有现代感。尺寸稳定性优于实木地板，但脚感性能差于实木地板与实木复合地板。

（四）竹地板

竹地板虽然基材是"竹"，但归属木地板。竹子的生长期快于木材，因此在南方地区普遍应用竹材做家具或地板。竹材性能优于大部分材种的木材，其本身具有耐磨、有弹性、天然纹理清晰美观、不易变形等特点，再加上先进工艺技术做防腐、炭化处理，使其物理机械性能更优异。目前竹地板有纯竹地板、竹与木相胶合的竹木复合地板。

1. 纯竹地板

纯竹地板由一层或两层以上竹片粘接而成。

2. 竹木复合地板

竹木复合地板的表板与底层板面都是竹材，芯层由软性木材，如杉木、松木等木材形成。其特点是脚感好、不易变形，表面保持了竹材特有的清晰纹理与光泽等特性。

（五）软木地板

软木地板虽然也是木地板中的一类，但实际上不是由"树"中树干剥皮后的木材为原料而制成的地板，而是由"树"表层的"树皮"碾碎后压制而成的地板，即它的原材料是阔叶树种——栓皮木种（属栎木类）的树上采割的树皮。该类树的树皮不同于一般树皮，质地柔软，外皮呈灰色，内皮呈红褐色，纤维细，皮很厚。因该类树皮具有特殊细胞结构，经粉碎压制而成的地板具有密度低、可压缩、弹性好、耐水、耐磨、隔热、绝缘性好等优点。

随着时代的发展，人们生活水平日益提高，在上述木地板的品类中又衍生出新功能木地板，如地热地板、负离子地板、体育地板等形式多样的地板，但是其结构仍与上述地板类似，仅在工艺上做了特殊的附加处理。

第二节　实木地板特点

一、实木地板特点

现代社会中人们工作的节奏越来越快、越来越紧张，追求置身于绿色环保的大自然的环境中是人们的愿望，因此，在众多的地面装饰材料中实木地板深受消费者青睐。

（一）实木地板有如下特点：

1. 无任何污染的绿色环保产品

制成实木地板的原材料是未经任何化学加工的天然木材。而木材是世界上公认的双绿色材料，即无污染的环保产品，而且在四大建筑材料中木材加工成地板时与其他三种材料相比，碳的排放量最低，甚至有的木材本身具有填充物铺设在室内地面时，还能散发出有益健康的芳香烃，既具有清香味，又具有镇静、安神的作用。

2. 实木地板表面美观自然，具有回归大自然的感觉

实木地板采用的木材是天然材质，年轮纹理是自然界天然生成的图案。它由生长轮、木射线等分子相互交织而成。因此，当在不同切面切割时，会呈现出天生、自然的不同图案，给人以典雅、庄重、温馨、永远不会落伍的高端视觉感受。

3. 脚感舒适，弹性自然

木材对人体的冲击感比其他建筑材料柔和、自然。因此加工成的实木地板脚感舒适，有利于老人和小孩的身体健康，保护老人和小孩的居住安全。

4. 保温性好

木材不易导热，而混凝土、塑料、石材的导热率都高于木材，铺装实木地板后，它能很好地调节室温。据测试，铺装实木地板的房间与铺装其他地面装饰材料的房间有3℃左右的温差。因此它在不同季节可调节温度，达到冬暖夏凉的效果。

5. 调节湿度

木材本身的细胞结构能在高湿度环境中吸湿，在干燥的环境中蒸发湿气。所以实木

地板在四季环境中自我调节，可使人体生活在舒适的环境里。

6.实木地板质轻和易运输加工

一般木材（除少数例外）通常能浮于水，可以采用锯、刨等工具加工，便于运输；制作成的实木地板，还可以加工成不同形状的拼花实木地板，便于铺装。

7.实木地板绝缘性和吸声性好

木材为多孔性吸声材料，纤维结构细密，隔声降噪的能力明显优于水泥地、瓷砖和金属材料，因此，铺装实木地板后具有吸声、隔声、降噪的功能，让家居环境更宁静舒适。

（二）实木地板除上述功能外，还具有以下不足之处：

1.实木地板板面尺寸有微量变化

实木地板制作采用的原材料——木材具有自然属性，即干缩或湿胀。在加工过程中为克服此现象，必须对木材进行养生、干燥两道工艺。

经过此两道工艺，基本上改善了地板干缩或湿胀的现象。但由于木材具有的自然属性，有时在实木地板铺装后，还会显示微量干缩或湿胀，如遇此现象属正常情况。

2.实木地板板面有色差

木材是在大自然环境中，在阳光的照射下逐渐成长成材，因此虽然是同一个材种，所处的环境不同对外表现形式也不同。因为木材结构细胞在不同部位成长又有不同，木材在锯刨后，采用不同部位加工成地板一定会有不同的色差，所以实木地板天然色差属正常现象，而且也显示了自然美。

二、实木地板标准

实木地板是我国木地板品类中开发最早的产品。随着国民经济的发展，在20世纪90年代，国家放开了对木地板的适用范围，可进百姓用住宅领域。因此，国家林业局下属各大木材加工企业纷纷利用木材加工厂生产家具的剩余小料以及林区的枝桠材加工成不同品类的实木地板。2002年实施了《实木地板》GB/T 15036—2001。

2019年，实木地板实施的最新标准是《实木地板》GB/T 15036—2018。实木地板在该标准中的分类为：按表面形态分为平面实木地板和非平面实木地板；按表面有无涂饰分为涂饰实木地板和未涂饰实木地板；按表面涂饰油类分为漆饰实木地板和油饰实木地板；按加工工艺分为普通实木地板和仿古实木地板。

第二章　选购实木地板

第一节　选购实木地板的步骤

实木地板在众多地面装饰材料中，已成为消费者首选的地面装饰材料之一。其原因是实木地板不仅具有木材所具有的自然本色、色泽自然、纹理妙趣横生，而且不同色系可与不同居室的装修风格相匹配。但是由于市场上实木地板产品质量参差不齐，影响消费者选购。所以在选购时，千万不要被不诚信的商家所蒙蔽。如何认清产品质量，选购货真价实的实木地板，已成为消费者所关注的问题。可以从以下几点考虑选购。

一、实木地板制作的材种选购

目前，市场上加工成实木地板的材种有很多，每一材种都有其特性，有珍贵材种，也有普通材种。材种不同其价格各异，而且不同材种所显示的色泽和纹理也各异。

在选择材种时，可依照以下三点确定：

1. 装饰档次

装饰档次偏高可选择珍贵材种，如花梨木、柚木、胡桃木等；中上等装饰档次可选择橡木等。

2. 考虑室内的采光条件

房间采光好、明亮、面积偏大，可选择木材颜色偏深、纹理较粗的材种，这样可以使房间的空间显得紧凑。

3. 选择稳定性好的材种

在地板行业中有一句话很流行，即"不是所有木材都能做地板"。其含义是指有的木材材性极不稳定，木材加工成实木地板后出现的问题很多，给地板企业和消费者带来许多不必要的麻烦（材种选择见第二篇第七章）。

二、选购实木地板

选购实木地板时，应关注以下几点：

1. 选含水率达标的实木地板

实木地板的含水率是影响实木地板质量至关重要的因素。我国地域辽阔，气候多样，南北地区干湿状况差异极大，南方地区多雨、湿度大，北方地区多风少雨、气候干燥。因此，国家标准（GB/T 15036.1—2018）《实木地板 第 1 部分：技术要求》中规定："实木地板含水率的范围为：6.0 ～我国各使用地区的木材平均含水率；同批地板的试样平均含水率最大值与最小值之差不得超过 3.0，同一块地板内的含水率最大值与最小值之差不得超过 2.5。"

通常市场的正规实木地板经销商、专卖店都配备有含水率测定仪。消费者在选购时应先测量包装好的成品实木地板含水率。其含水率达到现行国家标准才可购买。

2. 观察实木地板板面的质量

实木地板由天然的木材加工而成。在自然生长过程中，由于气候影响和虫害将会在木材表面留有缺陷。在 GB/T 15036.1—2018 中，根据木材的缺陷将实木地板分为两个等级，即优等品与合格品。

（1）优等品与合格品都不允许实木地板的正面有腐朽和缺棱。

（2）表板面的活节直径大于 15mm，根据实木地板长度优等品允许 1 ～ 3 个，合格品个数不限。

（3）实木地板正板面的死节、蛀孔、裂纹都应修补。

（4）实木地板板面有一定的色差。由于木材在不同环境下生长，甚至同一树种在不同部位锯刨成的木材加工成实木地板，由于细胞组成和结构的不同也会形成自然色差。因此，无论是优等品还是合格品，对此项要求都不能苛求。

3. 观察实木地板漆面的质量

实木地板的漆面有亮光漆、亚光漆、半亚光漆三种。选购时用眼观察，观察漆面的表面光亮度、透明度是否均匀饱满；用手摸漆面平整度，一边用手摸一边用眼观察漆面有无鼓泡（气泡）、漏漆、针眼、皱皮等不良症状。

4. 辨别实木地板是否是真材实料

市场上会有个别不法商贩以次充好，在实木地板表面贴优质材，底材采用次的木材，业内称之为贴面板，以贴面板代替实木地板。消费者可通过观察对比地板的表面与底板，实木地板的表面与背面木纹应基本一致，而贴面板正背面木纹基本不同。

5. 检验实木地板加工精度

加工精度好的实木地板经过机加工涂漆后，板面漆面平整、丰润饱满，铺装在地面后平整合缝。因此在实木地板开箱后，必须检验地板加工精度，方法是随机取出 8 ～ 10 片地板进行拼装，用手摸和目测检验实木地板平整度、榫槽配合度。

6. 选择适当尺寸的实木地板

从木材稳定性来说，应选小规格的实木地板，板面抗变形能力强，但消费者普遍喜好宽而长的实木地板，认为美观大方、花纹完整，但实木地板越宽越长，其价格越昂贵，而且也越容易变形，所以较为适宜的实木地板规格分别为 600mm×75mm×18mm、900mm×113mm×18mm、900mm×115mm×18mm 等。

第二节　选购实木地板中常遇的误区

在琳琅满目的室内地面装饰材料中，人们首先想购买实木地板，因为它源于自然，成于自然，始终保持自然本色、无污染，正迎合了目前消费者追求健康、自然的风尚。但是众多消费者对木材自然属性不太了解，在购买过程中只追求表面，一味按照自己的设想选购实木地板，结果花钱不少，却招来许多不必要的烦恼。为此，必须提醒消费者在选购实木地板时常遇的误区。

误区一，过分追求实木地板板面颜色一致。

实木地板的材料是天然的材质，源于自然，是树剥皮后的木材。而树是生长在大自然环境中，因此，同一树种即使种植在同一地点，由于光照角度不同，土壤干湿条件各异，每棵树生长形成的色泽、纹理都有差异；又由于同一棵树吸收养分有所差异，组织的细胞结构也不同，如靠近树皮的材质我们称其为边材，靠近内层的材质我们称其为心材，边材色浅、心材色深。因此锯刨不同部位的木材制作成的实木地板就有深浅不同的色泽；相反，如果色泽过于一致，则说明有虚假成分在其中。

误区二，实木地板市场中树种名称不规范。

实木地板市场采用的木材来自世界各国的林区，有的厂商视规范名称于不顾，妄自采用"攀高枝"的木材名称，借以招揽顾客，甚至以次充好，牟取非法利润。据笔者调查，在市场上以"檀"命名的实木地板高达30余种，如玉檀、黑金檀、红檀香等，由此引起的纠纷不断。为此，建议消费者在购买时一定要选择有信誉的厂商。

误区三，不切实际地过分追求名贵木材。

在实木地板市场中销售的实木地板，材种有几十种，有珍贵材种，也有普通材种，因此材种不同地价格差异很大。

实木地板对木材的要求首先最重要的一点是尺寸稳定性好，即不易随室内环境干、湿度的变化而干缩、湿胀；其次才是在外观上具有装饰价值。如果消费者在选择实木地板时过分追求价高的珍贵材种，就容易忽视材种的稳定性，有时还会被骗，在使用过程中产生很多烦恼。因此消费者在选择实木地板时，必须选择有信誉的品牌。

误区四，过分追求长而宽的实木地板。

有的消费者为追求气派，喜欢又宽又长的实木地板，在四季分明的温带气候地区，有着不同季节的干、湿度变化，加工成实木地板的木材虽然经过人工干燥，对木材的天然属性——干缩、湿胀有一定的改善，但其毕竟还是纯天然的材料，所以当室内环境干时还是会微缩，在室内湿度过高时会微胀。如果实木地板偏窄而短时，分散在每一块板面上显现不明显，当实木地板板面又宽又长时，其缩胀引起的变化都集中在一块板上，显现很明显；又由于微缩、湿胀不均匀，会使板面出现裂纹，宽而长的实木地板售后服务中所遇到的问题远远高于短而窄的实木地板。因此较适合的规格是（600～900）mm×（85～115）mm×18mm。

误区五，实木地板销售与铺装分家。

目前有的城市室内装修业务往往都全部包给装饰公司，其中包括地面装修。因此，公司为了肥水不外流，采取购买实木地板到铺装大包干。事实上，装饰公司虽然有木工工人，但毕竟不是专职地板铺装工，在铺装时很容易忽略细节问题，导致地板铺装后出现许多不应该发生的问题。当实木地板出现问题，装饰公司往往与销售方互相推诿，造成消费者不知所措，建议购买何品牌的实木地板就由该品牌专职地板铺装工铺装。

第二篇
木材基本知识

第三章　木材名称及识别

第一节　树木及木材名称

一、树木

树木是有生命的生物体。它由树冠、树干、树根三部分组成，如图 3-1 所示。

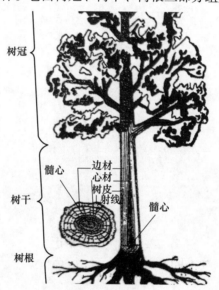

图 3-1　木材的组成

　　树冠是树木的最上部分，其功能是将根部吸收的水分、矿物质及树叶吸收的二氧化碳，经光合作用制造成树木所需要的养分；树干是树木的主体部分，也是木材的主要来源，其功能是向树冠输送根部吸收的水分与矿物质，又将树叶中制造出的营养物质由上而下地输送到树木的根部，同时与树根共同支撑整棵树木立于土壤中；树根位于树木最底层，埋于土中，其功能是支持和固定整棵树立于土壤中，吸收土壤中水分和矿物质及其他营养物质。

　　树干从外向里看，最外层是树皮，紧贴树皮的是形成层，它具有分生能力，向外分生韧皮部，向内分生木质部，致使树木直径增大，也就是树木越来越粗，木质部就是加工实木地板的原材料——木材。木质部最中间是树木的髓心，如图 3-1 所示，它的机械性很弱、易碎，所以在加工时尽量剔除。

二、树木、木材的名称

树木名称有中文名和拉丁文名，拉丁文名是世界通用学名。它是经花、果、叶、枝等多方面比较而定的植物名。中文名是依树木、木材或产地而得名。

一个树种常分布于不同的地理条件或行政区域内，常有同种异名、异种同名现象。在国产材中最为明显的如梧桐树，在广东省称其为青皮梧桐，在广西壮族自治区称其为麻桐、青皮树，在安徽省称其为青桐皮，在福建省称其为耳桐。

木材是一种商品，在商业流通中叫商品材。商品材名称就是我们直接称呼的木材名称，它与树种名称的关系，既有一致性，也有区别性。

商品材就是把树木学上数量众多的"种"归为数量较少的商品材的"类"，把材性和用途相近、识别上无困难的树种归并成一类。

商品材在流通中，特别对于进口材，学者、经销商、生产制造商对同一种木材各有各的称谓，根据调查市场中称"檀"的就有 30 多种。为了规范木材名称，国家质量监督检验检疫总局于 1997 年、2001 年分别发布了国家标准《中国主要木材名称》GB/T 16734—1997、《中国主要进口木材名称》GB/T 18513—2001。因此，无论是企业、经销商，还是专家，都应统一采用国家标准中的木材名称，这样才能抑制市场混乱取名，规范市场。

第二节 木材树种识别

木材树种识别是一项实践性很强的工作，长期以来人们靠自己的工作经验来识别、判定和区分树种，具有一定的局限性。

近年来随着木材商品经济的发展，世界各国林区的木材大量进入中国木材市场，依靠经验，只能限于本地区木材树种的识别。因此，广大木材科学专业人员、检验人员进行了苦心钻研，除了常规采用的宏观识别法、微观识别法外，根据使用工具的不同，又研究出木材检索表识别法、木材穿孔卡片识别法、木材微机识别法三种方法。

一、常观识别法

（一）宏观识别法

宏观识别法在木材流通中应用最为广泛，也是最简单的识别方法，仅需要凭肉眼或借助十倍的放大镜观察木材的主要构造特征进行比对，确定材种名称。

识别木材时，首先要抓住主要、稳定和明显的特征，如根据有无管孔就可确定是针叶材还是阔叶材，还可看其排列组合，然后观察其他构造木射线、边材、心材、色泽、木纹等明显特征，再辩证观察次要特征。在此基础上，多观察各种木材的结构、形态等进行比较，通过实践以达到熟练、准确的程度。

（二）微观识别法

微观识别法就是将木材切片后，在显微镜下进行观察。这种识别方法操作比较复杂，因此，在市场流通中较少应用，只有当宏观上无法确认时才借助显微镜观察。它的识别比较精确，观察时必须从三个切面，即横、弦、径切面进行观察。

二、根据使用工具不同进行识别

（一）木材检索表识别法

木材检索表识别法就是根据微观观察到的木材各种构造特征，按其普遍性和特殊性，用简明扼要的文字，采用正反对比的方法，把木材构造特征划分为相对称的两类性质，然后按照检索表查对特征，就能够查出所需要查找的木材名称。

此法也可以根据已知木材名称，通过木材检索表查出目测特征。

（二）木材穿孔卡片识别法

木材穿孔卡片识别法是根据异同分离原理，将待确定木材的结构特征从整木材中分离出来。其方法首先是在穿孔卡片上将待查木材特征用特殊的轧口剪轧破，然后在该孔的内侧加涂颜色，再在此小孔旁用颜色笔画一横线作为标志，以示区别，便于查看，最后再检索核对确认木材名称。

（三）木材微机识别法

随着计算机应用越来越广泛，20世纪80年代经我国木材科学工作者刻苦研究，完成了我国重要木材计算机识别检测系统。特别是近年来计算机软、硬件越来越先进，木材用计算机识别检索系统也越来越完善，方便了木材界对数据库的管理，提高了查询的准确性。

第四章 木材构造

第一节 木材特点及分类

实木地板加工是以木材为原料，利用机械加工成木材需要的尺寸、形状以及表面质量。

木材作为一种天然材料，在自然界中蓄积量大、分布广，自然生长的条件使其具有自然结构和化学组成的关联特性，所以在将木材加工成实木地板时，如果不了解木材的构造特点和性能，就不能很好地克服木材的缺陷，发挥木材的优势。只有全面了解木材的特点和性能，才能提供加工或改良实木地板生产工艺的理论依据。

一、木材特点

木材的结构决定其与其他材料相比，具有以下特点和性能：

1. 木材纹理美观自然

木材表面有天然的木材纹理组合，可以形成美观、自然的纹理，让人感到朴实、大方、亲切的图案，但是由于各类木材细胞大小以及本身结构粗细的不同，将其着色后的效果也不同。

2. 木材具有调湿性

由于木材本身具有吸湿与解吸的作用，能直接缓和与稳定室内空间湿度变化。木材的调湿性有益于人体的健康。

试验表明，木材厚度与调湿效果有很大关系。3mm 厚的木材只能调节 1 天的湿度变化；5.2mm 厚的木材可以调节 3 天；9.5mm 厚的木材可以调节 10 天；16.4mm 厚的木材可以调节一个月。

3. 木材具有多孔性

木材由各种不同类型的细胞组成，这些细胞是中空的，形成许多孔隙，同时在细胞壁内微纤维之间又有许多孔隙。木材的多孔性使木材具有如下特性：

（1）回弹性

木材结构的多孔性，使得木材在承受压力后，具有良好的回弹性。因此加工成实木地板后，人踩在实木地板上给其压力后，脚会受到回弹力的作用，因此实木地板较为突出的特点是脚感舒适。

（2）绝缘性

木材多孔性使空气充满在孔隙中，阻碍了导热和导电，所以铺装实木地板的房间，具有冬暖夏凉的感觉。

（3）硬度较低、易加工

木材多孔性使木材易于切、旋、刨等机械加工。

（4）密度低，易运输和储存

木材的多孔性使得木材具有浮力，可以水上运输和储存，如可以将木材储存在储木池中。

4. 具有可塑性

在湿热条件下，对木材施加压力或拉力，使之产生较大的弹性变形，当外力解除后就成新的形状而又没有破坏木材构造，因此木材可加工成压缩木、弯曲木。

5. 不良现象

（1）木材胀缩性

湿材因干燥而缩减其尺寸和体积，称为干缩；干材因吸湿而增大尺寸或体积，称为湿胀。这两个性质分别会导致用木材加工的实木地板尺寸发生变化，引起实木地板变形、翘曲、开裂等不良现象，可以通过养生、人工干燥等方法来减少和克服木材的这种缺陷。

（2）易燃性

木材容易燃烧，所以木材加工的实木地板在生产或使用中都要注意防止火灾。此缺陷可以通过对木材进行阻燃处理来克服，但经阻燃处理的木材，其强度会有所下降。

（3）易受生物菌类侵蚀

木材易受生物菌类侵蚀，致使木材蓝变、腐朽，破坏木材结构，降低木材使用率。随着科技进步，可以通过人工干燥或防腐的技术处理等物理化学方法抵制生物菌侵蚀破坏，延长木材使用寿命。

二、木材的分类

木材分类方法很多，主要有以下几种：

1. 按树种可以分为针叶材与阔叶材

针叶材树干直、树叶细长如针，多为常绿树，材质一般较软，故又称软质材，如红松、落叶松、杉木等。该类材虽然材质软，在 20 世纪 30 年代至 40 年代，华东、华南、东北地区大部分民宅中采用了该类材加工的实木地板，但目前很少用针叶材加工实木地板。

阔叶材树木宽大，叶脉呈网状，材质较坚硬，故业内称其为硬材，如柚木、水曲柳、柞木等材种。自 20 世纪 80 年代后期，先有国产阔叶材加工成实木地板，但目前都采用进口的阔叶材加工成实木地板。

2. 按用途可分为原条、原木、锯材三类

原条是指已经除去树皮、树根、树枝的木材，但尚未按一定尺寸加工成指定规格的原木。

原木是指已经除去树皮、树根、树枝、树梢的木材，它与原条的差别是，原木已按照指定规格的直径和长度的尺寸加工成指定的木料。

锯材一般是指已经加工锯解成指定的板、方材。实木地板生产企业通常在木材市场采用锯材机加工成各种规格的实木地板料，通常业内人把此称为地板坯料。

3. 按材质分等

原木在市场中通常分为一等、二等、三等；锯材分为特等、一等、二等、三等。

4. 按密度分

根据密度可将木材分为轻材、中等材、重材 3 等。轻材：密度小于 500kg/m³，如红松、椴木、泡桐等；中等材：密度在 500 ~ 800kg/m³ 之间，如水曲柳、香樟、落叶松等；重材：密度大于 800kg/m³，如紫檀、色木、麻栎等。

第二节　木材构造特征

木材是由细胞组成的各种组织，这些细胞组织具有一定特征。该特征可通过肉眼观察或利用放大镜、显微镜观察等，但是木材各种细胞的形状、大小、组成排列在不同的切面上是不同的，因此要了解木材的构造，识别木材种类就必须通过多个切面进行观察。为此识别时必须将木材在不同方向上锯刨成切面后，在切面上进行观察。

一、木材切面

要全面了解木材构造，需要了解木材中最具有代表性的三个切面，即横切面、径切面和弦切面，如图 4-1 所示。

1. 横切面

横切面是指与树干长轴相垂直的切面，亦称端面或横截面。在这个切面上，木材细胞间的相互联系、排列等都明显地呈现出来。在这个切面上可以观察到髓心、呈同心圆的生长轮、心材、边材、早材、晚材、木射线、管孔、树脂道等，是木材识别时重要的切面。

2. 径切面

径切面是指顺着树干的长轴方向，通过髓心与木射线平行或生长轮相垂直的切面。在这个切面上，相互平行生长轮线、木射线、边材、心材宽度，木射线呈断续条状线，与年轮相垂直。

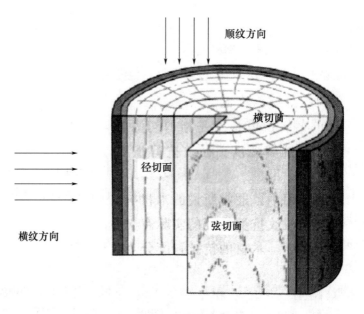

图 4-1　木材构造

3. 弦切面

弦切面是指沿着树干轴向与年轮相切的纵切面。在这个切面上可以看到木射线呈现细线状或纺锤形，而年轮构成 V 形或抛物线形花纹。

径切面和弦切面都是沿着树干主轴方向锯切的，故两者都称为纵切面。

二、木材构造主要特征

木材构造主要特征是指在木材结构中比较稳定的指标，包括生长轮或年轮、早材和晚材、边材和心材、管孔、木射线、树脂道、树胶道和轴向薄壁组织等。

木材的颜色、光泽、气味、纹理、结构、轻重、髓斑等，也列入木材构造中，通常称为其他特征或辅助特征。

1. 边材和心材

木材在解剖后，无论何种材种，都会显示出不同的颜色，有些木材在横切面上看颜色深浅均匀一致，而有的木材深浅差异很大。在靠近树皮边缘部分颜色较浅，中心部分颜色较深，前者称为边材，后者称为心材，如图 4-2 所示。

心材是由边材转变而来的，其转变过程是十分复杂的生物化学变化。通常心材颜色深、水分较少，而边材颜色浅、水分较多。边材与心材颜色区别明显的树种，叫显心材，或简称心材，如针叶材的红松、落叶松、马尾松，阔叶材的水曲柳、黄波罗、榆木、榉木、麻栎等。

边材与心材颜色没有区别的树种，称为隐心材，或简称边材，如针叶材的冷杉、云杉、铁杉，阔叶材的水青冈、桦木、色木、楠木、枫香等。

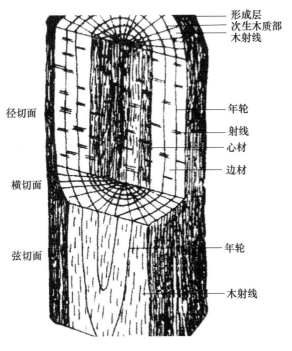

图 4-2　木材的三个切面

形成层
次生木质部
木射线
年轮
射线
心材
边材
年轮
木射线

径切面
横切面
弦切面

有的边材树种如云杉、桦木、槭木等因受到真菌的侵蚀发生心腐，其中心部分类似于心材的颜色，称为假心材，或伪心材。假心材的特点是边缘不规则，颜色也不均匀。

木材的心边材，从有无、大小、深浅、急变或缓变，以及假心材等，均反映在不同树种的切面上，是识别木材材种的一些重要特征。

2.年轮或生长轮

在木材横切面上，由每个生长周期形成的木材，是围绕髓心的同心圆，这些同心圆为生长纹，如图 4-2 所示。在寒带或温带地区树木一年仅有一个生长期，也就是说在木材的横切面上，可看见每年增加一个圆圈，故它的生长轮也称为年轮。在热带地区的树木，由于一年内的气候长期潮湿、温度高，树木几乎月月都在不间断增长，所以在一年内可形成几圈，故这样木材的生长轮不能称为年轮。

树木在生长过程中，有时会遭遇虫灾、霜冻、干旱导致树木生长期中断，如果灾害不重，时间延续不长，经过短时间调整，树木又重新生长，这时在一年内形成双重的生长轮，这种生长轮不能称为年轮，叫作假年轮。假年轮的界限不如正常年轮明显，同时也不会形成完整的圆圈，如马尾松、柏树、桦树中常有假年轮出现。

3.早材、晚材

在每一个年轮内，靠近髓心部分是生长时早期形成的木材，每年生长季开始时生长旺盛，形成层分生出来的细胞比较大，木材的颜色浅，组织松软，此部分称为早材，此后分生的细胞扁狭窄、壁厚、腔小、材色深、组织致密坚硬，称为晚材。

早材至晚材的转变是急变还是缓变，或者是有急有缓，不同树种差异很大，因此，早材至晚材的转变是急变还是缓变是识别木材的一个特征，如马尾松、油松等针叶材种以及阔叶材种中的环孔材，早材至晚材的变化是急变的；如针叶材种中的红松、云杉、冷杉等树种和阔叶材种中的散孔材和半环孔材，其早材过渡到晚材的变化是缓变的。

4. 管孔／导管

导管是绝大多数阔叶树所具有的中空状轴向输导组织。它的功能是疏导水分和矿物质，在横切面可以看到许多大小不等的孔眼，因此又称为管孔，在纵切面上导管呈沟槽状，叫做导管线。

除水青树科、昆兰树科外，所有阔叶树都具有导管。导管在横截面上显示的管孔较大，在肉眼或放大镜下都能清楚地看到管孔，故专业人员把阔叶材称为有孔材，针叶树除麻黄科外均无导管，故人们称其为无孔材。

有无管孔是区别阔叶材和针叶材的重要依据，管孔的排列分布是识别阔叶材材种的主要特征之一。

横截面上的一个年轮内在生长季节的初期和末期，它的管孔大小、数目多少、分布情况等均不相同，因此可以把阔叶材分为环孔材、半环孔材或半散孔材、散孔材三种类型。

（1）环孔材

环孔材指在木材的一个年轮内，早材管孔比晚材管孔大很多，沿年轮呈环状排成一列至数列，如图4-3（a）所示，刺木秋通常排成一列，榆木、水曲柳、檫木等木材通常排成数列。

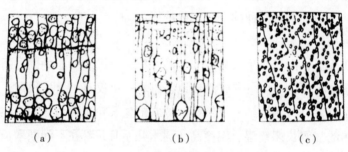

（a）　　　　　　　（b）　　　　　　　（c）

图4-3　管孔分布的类型

（a）环孔材；（b）半环孔材或半散孔材；（c）散孔材

（2）半环孔材或半散孔材

半环孔材或半散孔材指一个年轮内的管孔排列，介于环孔材和散孔材之间，如图4-3（b）所示。早材环孔比晚材环孔稍大，从早材到晚材管孔逐渐变小，管孔的大小界限不明显，略呈环状排列，如核桃楸、香樟、枫杨、乌桕、黄杞等木材。

（3）散孔材

散孔材的木材在一个年轮内早材和晚材管孔的大小没有显著差别，分布比较均匀，如图4-3（c）所示，如桦木、槭木、荷木、色木、杨木、大叶桉等木材。

5. 管孔内含物

管孔内含物是指管孔内的侵填体或无定形的沉积物，如树胶、矿物质或有机沉积物。

（1）侵填体

侵填体常见于心材管孔内，随材种而异。在某些阔叶树材中，心材管孔常含有一种泡沫状有光泽的填充物，该物称为侵填体，如图4-4管孔内含物（a）所示。

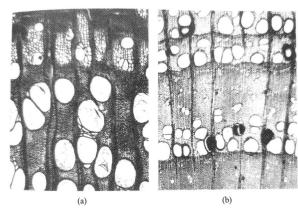

(a)   (b)

图4-4　管孔内含物

（a）侵填体；（b）树胶

（2）树胶与其他沉积物

树胶与侵填体的区别是树胶没有侵填体那样有光泽，为无定形的暗褐色点状或块状物，如苦楝、香椿、黄波罗等树种含较多红褐色树胶，如图4-4管孔内含物（b）所示。

柚木、桃花心木的导管中常含有白垩质的沉积物，在加工时这些物质容易磨损刀具，但能提高木材的耐久性。

6. 轴向薄壁组织

轴向薄壁组织在木材的横切面上，用肉眼或放大镜可以见到部分颜色，呈现比木材浅的线条或围绕管孔的圆圈或斑点状。在针叶树材种中，该类组织仅存在于杉科、柏科等少数树种中，而且还需在显微镜下才能看到。在阔叶树材种中，该类组织比较发达，是阔叶树材具有的重要特征之一，也是识别阔叶树材的重要依据。

阔叶材识别可根据轴向薄壁组织在肉眼或放大镜下的明晰度、分布类型进行区分。

（1）轴向薄壁组织的明晰度

根据轴向薄壁组织的发达程度，可分为以下三类：

①不发达，放大镜下不见或很难找到，如针叶材、阔叶材中的桦木、椴木等材种。

②发达，放大镜下可见或明晰，如凤杨、柿树、乌桕等材种。

③很发达，肉眼下可见或明晰，如花梨、鸡翅、栎木、泡桐等材种。

（2）轴向薄壁组织的分布类型

根据在木材断面轴向薄壁组织与管孔连生与否，可分成离管型和傍管型两大类。

①离管型轴向薄壁组织

离管型轴向薄壁组织，是指轴向薄壁组织不依附于导管周围，有以下几种排列方式，如图4-5所示。

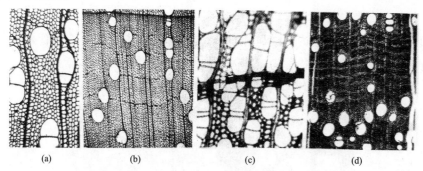

图4-5　离管型轴向薄壁组织排列方式

（a）星散状；（b）切线状；（c）轮界状；（d）离管带状

（a）星散状：轴向薄壁组织单独分散分布，但肉眼难见甚至不见，如桦木等木材。

（b）切线状：轴向薄壁组织弦向分布，呈断线短切线，如核桃木、枫杨等木材。

（c）轮界状：轴向薄壁组织呈年轮状分布，如木莲、毛白杨等木材。

（d）离管带状：轴向薄壁组织在年轮内离开管孔呈弦向带状分布，如黄檀等木材。

②傍管型轴向薄壁组织

傍管型轴向薄壁组织，是指轴向薄壁组织依附于管孔周围，与管孔连生，傍管型轴向薄壁组织分为以下几种排列方式，如图4-6所示。

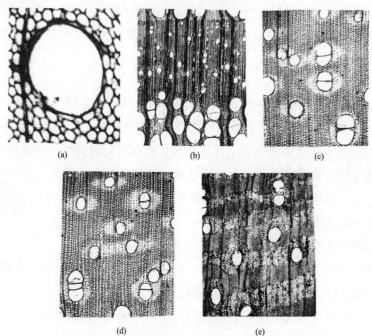

图4-6　傍管型轴向薄壁组织排列方式

（a）稀疏状；（b）环管状；（c）翼状；（d）聚翼状；（e）傍管带状

（a）稀疏状：轴向薄壁组织围绕导管呈现，未完全包围的形状，如核桃树等木材。

（b）环管状：轴向薄壁组织围绕管孔周围，呈圆形或椭圆形的宽度不同的鞘，如香樟、楠木、水曲柳、檫木等木材。

（c）翼状：轴向薄壁组织围绕管孔周围，向两侧延伸，形似眼状，如榆木、臭椿、泡桐等木材。

（d）聚翼状：翼状薄壁组织弦向相连，如泡桐、刺槐、梧桐等木材。

（e）傍管带状：轴向薄壁组织在横切面上形成同心圆、同心带，而导管包藏于此宽度的薄壁组织中，如榕树、黄檀、铁刀豆等木材。

7. 木射线

在木材横切面上有许多颜色较浅的呈辐射状的浅色条纹，这种断续穿过数个年轮的薄壁组织称为木射线。

木射线是一种横向疏导组织，是木材中唯一呈辐射状的横向排列组织。

由于木射线的光泽与其他组织不同，所以在三个切面上呈现不同的花纹。木射线在横切面上呈现颜色或深或浅的辐射状线，在径切面上呈垂直于年轮颜色或深或浅的平行短线或带状，在弦切面上呈平行于木材纹理颜色也呈或深或浅的短线或呈纺锤状，如图4-2所示。

针叶树的木射线不发达，用肉眼或放大镜观察木材的横切面表现不明显。阔叶材的木射线很发达，但不同的树种木射线宽度和高度不相同，根据木射线宽度可将其分为以下四种类型：

（1）宽木射线，在木材的三个切面上，用肉眼可以明显观察到，如栎类木材、青冈栎类木材等。

（2）中等木射线，在木材的横切面和径切面上肉眼明显可以观察到，如榆木、黄波罗、水曲柳等。

（3）细木射线，在木材的横切面上肉眼略明显可见，如桦木、椴木、刺槐等。

（4）极细木射线，肉眼下仅径切面上可见，如杨木、针叶树木。

木射线的大小不仅为实木地板板面显示美丽的花纹，提供良好的装饰效果，而且也是用来识别木材的主要特征之一。

8. 树脂道与树胶道

由特殊的分泌细胞所围成的树脂孔道和树胶孔道，分别称为树脂道和树胶道。

（1）树脂道

正常树脂道分轴向树脂道和横向树脂道两种，为某些针叶树材所特有。在肉眼或放大镜下可见，小者在木材横切面上呈浅色小点，大者呈针孔状；晚材中最为明显，在木材切面上呈深色的沟槽或线条。一般松属的树脂道大而多，如马尾松、红松、广东松、海南五针松等木材，可以采割树脂；落叶松属次之，树脂道较小；云杉属树脂道更小更少。

树木受伤后而产生的树脂道称为创伤树脂道。创伤树脂道与正常树脂道不同，常分布在早材带内，它可发生在具有正常树脂道的树种中，也可能发生在没有正常树脂道的树种中，如冷杉、铁杉、水杉等。

（2）树胶道

树胶道与树脂道的形态及分布比较接近，也分为轴向树胶道与横向树胶道两种，是阔叶材所特有的。但在阔叶树种中极少既有轴向树胶道，又有横向树胶道，如黄连木、酸枣等具有横向树胶道。

三、木材构造的其他特征

木材除上述构造特征之外，通过人的眼、鼻、舌等器官还可以感受到其另一些特征，如颜色、光泽、气味、纹理、结构、花纹、轻重、硬度等。

1. 颜色与光泽

木材细胞本身没有颜色。颜色是由于细胞内的色素、树脂、树胶、单宁、油脂等其他氧化物渗透到细胞壁中，致使木材呈现不同颜色。如椴木呈白色，紫檀呈紫黑色，酸枝呈红褐色，乌木、铁刀木漆黑如墨，黄连呈黄色，白桦呈黄白色。因此，木材的颜色可作呈识别木材的特征之一。但木材的颜色也不是一成不变的，同一种木材常因干湿、在空气中暴露时间长短、立地条件的不同而产生不同的颜色。

木材颜色受阳光特别是紫外线作用而变化，如酸枝、桃花心木等会变深，而杉木、核桃木等会变浅。因此，识别木材时，须将木材表层削去，才能看出木材的本色。

木材光泽为木材细胞壁对光线的吸收和反射的结果。若木材细胞壁反射光线能力强，便呈现光泽；反之，木材便暗淡，甚至无光泽。木材光泽主要表现于纵切面，横切面不易显现。不同的木材在同样光照条件下呈现出的光泽是不同的，如针叶树材中云杉和冷杉外貌相似，云杉具有光泽，而冷杉不具有光泽；在阔叶树材中，香樟、檫木、筒状非洲楝均具有显著光泽。

观察木材光泽应在新刨切木材的纵切面上进行，因为木材表面的光泽，在空气和日光作用下，会逐渐减弱，甚至消失。

2. 木材的气味

木材本身无味，由于木材细胞腔内含有挥发油、单宁、树脂以及其他各种挥发性物质而散发出气味。如松树具有松脂香气，柏树、侧柏具有柏木香气，樟木具有浓郁的樟脑香气，檀香木具有檀香香气。这些特征都有助于对木材的识别。

木材的气味是由于木材中渗透物被溶解而产生的，如板栗树木具有涩味，黄连木具有苦味，肉桂具有辛辣和甘甜味，糖槭具有甜味等。各种气味都存在于新伐木材中，边材部分的气味比心材更浓。

3. 纹理

木材纹理是指木材纵向细胞，即纤维、导管、管胞等的排列方向。通常木材纹理可分为直纹理和斜纹理两大类。

（1）直纹理

直纹理是指木材轴向细胞的排列方向基本与树干长轴平行，如榆木、水曲柳、辽东柞木、檫木、杉木、云杉等木材。具有直纹理的木材强度高、易加工、切面较光滑，但纹理简单。

（2）斜纹理

斜纹理指木材轴向细胞的排列方向与树干长轴不平行，呈一定角度，如香樟、枫香、圆柏等木材。

斜纹理的木材强度低，不易加工，刨削面不光滑，干燥时易出现翘曲和干裂，但能刨出比直纹理木材更美的花纹，因此适合加工成拼花图案的实木地板。斜纹理又可以分为以下六种：

①螺旋纹理

螺旋纹理指木材轴向细胞呈螺旋状排列，如侧柏、枫香等。

②交错纹理

交错纹理指螺旋纹理的方向有规律地反向，呈相互交错排列，如桃花心木、桉树等。

③带状纹理

带状纹理指具有交错纹理的沿径向锯开，在板材的径面上呈现深浅相同的带状，如香樟木、桃花心木等。

④波浪纹理

波浪纹理的木材轴向细胞在弦切面上按一定规律向左右弯曲，在径切面上出现形似波浪的形状，如樱桃木、七叶树、水曲柳等。

⑤皱状纹理

皱状纹理与波浪纹理类似，只是波浪变动幅度较小，如槭木等。

⑥团状纹理

木材细胞按一定规律沿径向前后弯曲，呈波浪形，由于光线的反射，从弦面上看形成许多起伏不平的圆形，如桦木、槭木等。

4.结构

木材结构是指组成木材各种细胞的大小和差异程度。根据组成木材细胞的大小可分为粗结构和细结构。由较多大的细胞所组成的木材，材质粗糙，称为粗结构，如水曲柳、泡桐、麻栎等阔叶材木材，马尾松、落叶松等针叶材木材。

由较小的细胞所组成的木材，材质细致，称为细结构，如红松、木柏等针叶材木材，椴木、桦木、色木等阔叶材木材。

此外，根据组成木材细胞的大小是否均匀，又可分为均匀结构和不均匀结构。

结构粗而不均匀的木材加工成实木地板时易起毛，刷油漆费漆，但花纹美观。

5. 花纹

木材表面因生长轮、管孔、木射线、纵向薄壁组织、材色、节疤、纹理等排列而形成多种自然的图案，该图案称为木材的花纹。

花纹形成不仅与木材本身结构有关，也与木材锯刨时的角度有关。通常针叶树材的花纹简单，阔叶树材的花纹丰富多样。在木材的弦切面上可以看到呈抛物线状的花纹，在径切面上，早晚材带平行排列构成条带状花纹，又由于结构不同、锯切面不同，可呈现如下几种木材花纹：

（1）银光花纹

银光花纹是宽木射线在径切面上显示时，具有明显光泽的花纹，如栎木、山龙眼等木材。

（2）树桠花纹

沿树木枝桠锯切时所显示出的花纹，称为树桠花纹。由于木材细胞在树桠处相互排列成一定角度，形状似鱼骨，又称为鱼骨花纹。

（3）鸟眼花纹

木材在弦切面锯刨的刨光面或刨切单板表面出现许多部分呈现小圆形的凹痕，略似鸟眼状的图案，称为鸟眼花纹，常见于槭木中。

（4）树瘤花纹

树瘤是树木在生长过程中受创伤或因病虫害在树木表面形成凸起的圆球，经锯刨后，在木材表面显示出似水或瘤状的特殊天然图案，称为树瘤花纹，常见于榆木、桦木、花梨木、核桃木等木材中。

除上述各种花纹，采用不同的下锯法，可以锯出多种形态的花纹并组成图案，此法可以镶拼成不同图案的拼花木地板，可与地毯相媲美。

6. 质量和硬度

木材的质量和硬度在识别木材时具有参考价值。例如，同一类木材中，香桦与红桦、紫椴与糠椴外部特征都相近，无法区分，但香桦较红桦重，紫椴较糠椴重，这样两者都可以区分开。

在木材识别时，通常将木材分为轻、中、重三大类。

（1）轻而软的木材密度小于 $0.5g/cm^3$，端面硬度在 $5000N/cm^2$ 以下，如泡桐、木棉、杉木、椴木等木材。

（2）中等重硬的木材密度在 $0.5 \sim 0.8g/cm^3$，端面硬度在 $5000 \sim 10000N/cm^2$，如水曲柳、檫木、黄杞、枫桦等木材。

（3）重而硬的木材密度大于 $0.8g/cm^3$，端面硬度在 $10000N/cm^2$ 以上，如紫荆、荔枝木、黄檀、栎木等木材。

木材识别时可用指甲在木材上用力按一下，根据刻痕深浅来判断木材的软硬。

第五章 木材性质

第一节 木材的物理性质

木材的物理性质是指既不改变木材化学成分，又不破坏木材的完整性而表现出来的性质，包括密度，干缩率和木材与水、电、热、声等发生关系时所表现出的性能。

一、木材密度

1.定义

单位体积木材的质量称为木材密度，通常以 g/cm^3 和 kg/m^3 表示。

木材是由许多管状细胞构成的，有空隙、水分和空气，故木材是多孔体，所测定的木材体积是外形体积。因此，木材密度在过去又称为容积重。

木材密度是木材性质的一项重要指标，具有一定的实用意义，可以根据它来估计木材的质量，判断木材的工艺性质和物理性质，如强度、硬度、干缩湿胀现象。

2.分类

木材密度随含水率的增减而增减，所以表示木材密度时，不可笼统地说木材密度，一定要注明是何种含水率状态时的密度。通常木材密度可以分为如下几种：

（1）生材密度

刚伐倒的新鲜木材密度称为生材密度 ρ_s，表达式如下：

$$\rho_s = \frac{m_s}{V_s} \tag{5-1}$$

式中　ρ_s——生材密度，g/cm^3；

　　　m_s——生材质量，g；

　　　V_s——生材体积，cm^3。

在实验室中测量时，可用水浸泡至木材达到形体不变，即可测出与生材体积的数值相等值。此项密度值常用于木材运输时需了解的生材密度。

（2）气干材密度

气干材是指木材经自然干燥后含水率达 15% 左右，此时木材密度称为气干材密度 ρ_q，表达式如下：

$$\rho_q = \frac{m_q}{V_q}$$ （5-2）

式中　ρ_q——气干材密度，g/cm^3；

　　　m_q——气干材质量，g；

　　　V_q——气干材体积，cm^3。

使用中的木材通常都是由气干材密度估定的。

（3）全干材密度

经人工干燥，木材的含水率为零时称为全干材，此时测试所得密度称为全干材密度 ρ_o，表达式如下：

$$\rho_o = \frac{m_o}{V_o}$$ （5-3）

式中　ρ_o——全干材密度，g/cm^3；

　　　m_o——全干材质量，g；

　　　V_o——全干材体积，cm^3。

（4）基本密度

基本密度是指全干材时的质量与生材时的体积之比 ρ_j，表达式如下：

$$\rho_j = \frac{m_o}{V_{max}}$$ （5-4）

式中　ρ_j——基本密度，g/cm^3；

　　　m_o——全干材质量，g；

　　　V_{max}——饱和水分时，木材体积，cm^3。

以上四种密度比较，其中基本密度是全干材质量与生材体积之比。尽管这两种状态不可能同时存在，全干时质量最小，生材时体积最大，但两者的数值是固定不变的，比值也是不随含水率的变化而变化的，与其他类密度相比是最固定的，是最能反映该树种的材性、特征的密度指标。所以在做不同树种材性间的比较时多采用基本密度。

气干材密度是木材长期使用状态下的密度，因各地区木材平衡含水率及气干程度不同而有差异。一般生产上多采用气干材密度。

二、木材与水分的关系

新伐的树会从伐口流出水分。在生活中，烧柴时会发现木材一头在燃烧，另一头就会滋滋向外冒水，这说明木材中含有水分。铺装后的实木地板在南方黄梅季节常会发生木地板起拱，这些也说明水分对木材及木地板制品影响极大。

树木生长时从根部吸收水分，通过边材输送到木材的各部位，因此水分为树木生长过程中必不可少的物质，又是树干输送各种物质的载体。同样木材中的水分，既影响木材生存，也影响木材的加工和利用。

不同树种木材的水分含量是不同的，树干中的水分在不同的生长季节内木质部的含水量也是变化的。同时，木质部的各个部位如心材、边材、根部、树干、树梢等各部分的含水量也都不相同，所以当同一棵树种的木材加工成实木地板时，会发现有的地板质量好，有的地板出现这样或那样的问题。

此外，木材的结构是多孔体，在储存或运输过程中，水分均可渗入木材结构内，干燥后的木材也能从大气中吸收水分。

（一）水分存在的状态

木材中的水分按照存在状态不同可分为三种。

一种是呈游离状态存在于木材细胞的细胞腔和细胞间隙中，这类大毛细管细胞中的水称为自由水，也称游离水或毛细管水，包括液态水和腔内水蒸气两部分。另一种以吸附状态存在于细胞壁的微细纤维之间的水，称为吸着水，也称吸附水。还有一种构成细胞的化学成分的水称为结合水，结合水含量极少，只在木材化学加工时有作用。

木材中的水分含量最多的是自由水与吸着水，自由水与吸着水之间无明显界限，只因存在细胞的部位不同而异。

自由水是以游离状态存在于细胞腔中，有更大的自由性，仅对木材密度、渗透性、导热性、耐久性、质量等有影响。

吸着水由于被细胞壁所吸附，有较强的束缚力，在干燥过程中，要除去吸着水比自由水要难，要消耗更大的能量。此外，吸着水对材性的影响也比自由水大，除对木材质量有影响外，几乎对木材的所有物理力学性能都有影响。

（二）木材含水率计算与测定

1. 计算

我们所说的木材干和湿是笼统描述木材中含有水分的多或少，但对于生产工艺干燥时，应有更高的精度要求，其值通常用含水率来表示。

木材中水分的质量和木材自身质量的百分比为木材的含水率，分为绝对含水率与相对含水率。

（1）绝对含水率

绝对含水率是指木材所含水分质量占全干材质量的百分比，计算公式如下：

$$W = \frac{G - G_0}{G_0} \times 100\% \qquad (5\text{-}5)$$

式中　W——木材绝对含水率，%；

　　　G——湿木材质量，g；

　　　G_0——全干材质量，g。

（2）相对含水率

相对含水率是指木材所含水分的质量占木材原始质量的百分比，计算公式如下：

$$W'=\frac{G-G_\circ}{G_\circ}\times100\%$$　　　　　　　　　　　（5-6）

式中　W'——木材相对含水率，%。

2.含水率测定

测定木材含水率的方法主要有质量法（也称称重法或干燥法）、蒸馏法、滴定法和电测法等几种。其中，蒸馏法操作烦琐，测定结果不精确；滴定法费用高，所以这两种方法比较少用。称重法虽然测定时间周期较长，但是比较准确，在实验室里都采用此方法。电测法操作简便迅速，不破坏试件，在工业上和产品流通市场中，常采用此方法测定木材与实木地板产品的含水率。

（三）木材吸湿性

木材是一种吸湿性物质，对水有高度亲和力，在一定环境中木材将会吸收水分，表现为吸水和吸湿两种现象。

1.吸水

吸水是指木材吸收液体状态的水分，即当木材浸泡于水中时，在细胞腔、细胞间隙及纹孔腔等大毛细管中，由于表面张力的作用，对液态水进行机械的吸收所产生的现象。这种现象在木材达到最大含水率前的任何含水率状态下都能进行。

2.吸湿

吸湿是指木材吸收气体状态的水分。当空气中蒸汽压力大于木材表面水分蒸汽压力时，木材自外吸收水分的现象叫作吸湿；反之，木材中水分向外蒸发的现象叫作解吸。木材这类性质称为吸湿性。吸湿或解吸仅指吸着水的吸收和排除，因此，解湿和干燥是两个不同的概念。

3.平衡含水率

木材长期暴露在一定温度和相对湿度的空气中，最终会达到相对恒定的含水率，即蒸发水分和吸收水分的速率相等。此时木材的含水率称为平衡含水率。各地方因当地气候条件不同，平衡含水率也不同，详见附录5。

木材从高湿度一侧到达平衡含水率的过程称为解吸平衡含水率，从低湿度一侧到达平衡含水率的过程称为吸湿平衡含水率。两种平衡含水率除零点以外，水分含量均不相等，前者总大于后者2%～3%，即在同一相对湿度下，吸湿平衡含水率总是低于解湿平衡含水率，这种现象称为吸收滞后现象。

在人工干燥窑干材时吸收滞后现象有所呈现，差异在1%～5%，平均为2.5%，即窑干材吸湿稳定含水率等于平衡含水率减去2.5%。

4.平衡含水率与实木地板加工的关系

新砍伐的树木剥皮后取材的木材含水率是很高的，通常为70%～140%，称为生材。长期储存于水中的木材或经水运的木材含水率大于生材，称为湿材。

无论生材还是湿材，长期存放在大气环境中，其木材的水分都会随着空气中干、湿度与温度变化，逐渐蒸发到空气中，直到含水率在 12% ～ 18% 就不再继续蒸发，保持这种含水率状态的木材，称为气干材。

把木材放在干燥窑中，干到气干材以下的含水率状态，大约在 4% ～ 12% 时，称为窑干材。

测定含水率时，将把木材中的水分全部烘干，即含水率达到零的木材，称为绝干材或全干材。

木材制作成不同用途的木制品，对木材含水率要求不一样。如实木地板机加工前的地板坯料达到气干材的含水率 10% ～ 12%；家具用材含水率与地板相同；但加工乐器的木材含水率偏低，在 3% ～ 6%。所以要达到木制品要求用材的含水率靠气干材是无法实现的，必须在气干的基础上再经过干燥窑干燥。

三、木材的纤维饱和点及特性

（一）木材的纤维饱和点

木材的纤维饱和点是指在大气条件下，木材中自由水蒸发完毕后，细胞壁中吸着水还处于饱和状态，此时的含水率状态称为木材的纤维饱和点。

湿材存放在空气中会逐渐变干，干材放在潮湿的空气中会逐渐吸收水分。湿材在干燥过程中首先跑出来的是自由水，因为它处在细胞腔和细胞间隙中，束缚力最小，所以最早跑出来。而吸着水吸附在细胞壁内，只有当自由水全部蒸发干净才能往外输出。当木材细胞壁中的水还保持着最高量的木材含水率，也就是饱和状态时，称为木材纤维饱和点。

木材纤维饱和点随树种与温度的不同而不同。对多种木材来说，在空气温度为 20℃、空气湿度为 100% 时，纤维饱和点的含水率平均值为 30%，变异范围为 23% ～ 33%。

木材纤维饱和点随温度的升高而变小。当温度为 20℃时，木材纤维饱和点为 30%；在 60℃时降为 26%；到 120℃时降为 18%。这说明温度越高，木材从空气中吸收水分的能力越低。其原因是在木材纤维饱和点时，细胞壁中吸着水处于饱和状态，当温度升高，吸附水分子动能增加，使其吸附能力减弱。所以随着温度升高，木材纤维饱和点含水率逐渐降低。

（二）木材纤维饱和点特性

木材纤维饱和点是木材各类性质的转折点，当木材含水率在木材纤维饱和点以上和以下时，对木材的尺寸、强度都有一些影响。

1. 尺寸变化

在木材纤维饱和点以上时，自由水的蒸发和吸收都不会导致木材外形尺寸发生变化，就像木桶内存满水或有半桶水时，木桶的木材不会干，即含水率在 100% 和 50%

时，木材尺寸不变。

当木材含水率降到纤维饱和点以下时，自由水已蒸发干净，吸着水就开始蒸发，而吸着水吸附在细胞壁上，吸着水蒸发细胞壁就变薄，单个细胞都变薄也就变小，木材外形尺寸发生收缩。当收缩至最小尺寸，此时遇湿木材又因吸湿而湿胀。

2. 力学强度变化

木材力学强度取决于细胞壁的密实程度。在纤维饱和点以上，含水率的增减仅仅是细胞腔中自由水的增减，细胞壁的密实程度不变，所以其力学性能也几乎是个常数。当含水率低于30%时，即小于纤维饱和点时，吸着水往外蒸发使细胞壁变密实，也就使强度增加，所以当木材含水率在纤维饱和点以下时，含水率与力学强度成反比。

除上述两点外，木材的导电性、导热性均与木材纤维饱和点有关。

四、木材的干缩和湿胀

（一）干缩和湿胀

1. 定义

木材是一种特殊的多孔高分子结构的物质。当较干的木材存放在潮湿的空气中，木材会从湿空气中吸收水分，这种现象称为吸湿。当木材含水率较高，并存放在较干燥的空气中，木材会向周围的空气中蒸发水分，这种现象称为解吸。当木材的含水率低于纤维饱和点时，因解吸使细胞壁变薄收缩，导致木材的尺寸和体积缩小，此现象称为干缩；反之，因吸湿而引起木材尺寸的膨胀称为湿胀。

干缩和湿胀是木材在纤维饱和点以下时，因蒸发或吸收水分而引起的，是木材固有特性。由于这种性质，木材加工成实木地板时，会使实木地板尺寸不稳定，在制作实木地板生产工艺中必须通过有效工艺克服该缺点。

2. 测定木材干缩率和干缩系数

选择木地板坯料尺寸时，必须考虑加工的余量，包含地板坯料干燥过程的干缩、机加工时的切（刨）削余量等。为此必须计算该木材的干缩率，然后求出干缩量。

木材的干缩和湿胀在三个不同方向上是不相同的。

木材沿纵向的干缩量很小，生产配料时可不考虑顺纹方向的干缩余量；沿着年轮方向的干缩称为弦向干缩；沿着树干半径方向或木射线方向的干缩称为径向干缩；整块木材由湿材状态到全干材状态时体积的干缩称为体积干缩。

（1）测定木材干缩率

在待测定的木材上锯取20mm×20mm×20mm的试样，在试样各相对面的中心位置，用千分尺分别测出弦向、径向和顺纹方向的尺寸，精确至0.01mm，随即称重，精确至0.01g。然后将试样放入烘箱内，烘干后进行称重。每个试样称重后，立即分别测出弦向、径向和顺纹方向尺寸。然后代入下列公式计算出弦向、径向的干缩率，通常以百分率（%）计，精确至 0.1%。

$$S_j = \frac{a-a_1}{a} \times 100\% \qquad （5-7）$$

$$S_x = \frac{b-b_1}{b} \times 100\% \qquad （5-8）$$

式中　S_j——径向干缩率，%；

S_x——弦向干缩率，%；

a，b——烘干前，径向、弦向尺寸，cm；

a_1，b_1——烘干后，径向、弦向尺寸，cm。

体积干缩率测定方法与上述相同，但是测定的体积值需要按式（5-9）计算，精确至 0.1%。

$$S_v = \frac{V-V_1}{V} \times 100\% \qquad （5-9）$$

式中　S_v——体积干缩率，%；

V——烘干前，试样的体积，cm^3；

V_1——烘干后，试样的体积，cm^3。

（2）干缩系数

干缩系数是指木材干缩率和引起干缩的含水率差的比值，可用式（5-10）计算。

$$K = \frac{S}{M_1 - M_2} \qquad （5-10）$$

式中　K——干缩系数；

S——木材干缩率，%；

M_1——木材初含水率，%；

M_2——干缩后木材含水率，%。

干缩系数也可以这样理解，当木材在纤维饱和点以下时，吸着水每减少 1% 的含水率所引起的干缩率的变化值。干缩系数同样分为体积干缩系数、径向干缩系数、弦向干缩系数和纵向干缩系数。

木材干缩起点为纤维饱和点，一般以 30% 计，若木材初含水率值 M 超过 30%，则仍以 30% 计算。因此，利用干缩系数可算出纤维饱和点以下任何含水率时木材干缩数值，计算公式如下：

$$S_M = K（30\%-M） \qquad （5-11）$$

式中　S_M——某含水率时干缩值；

K——干缩系数；

M——含水率，%。

（3）差异干缩

差异干缩是指木材弦向干缩率与径向干缩率的比值，可用式（5-12）进行计算。

$$D=\frac{S_x}{S_j} \qquad (5-12)$$

式中　D——差异干缩；

　　　　S_x——弦向干缩率，%；

　　　　S_j——径向干缩率，%。

差异干缩是反映木材在干燥时是否易翘曲和开裂的一项指标。差异干缩值大的木材，在干燥时往往容易出现开裂、翘曲等变形现象，差异干缩小的木材各方向干缩均匀。

差异干缩可分为三个等级，即大（$D>2$）、中（$1.5 \leq D \leq 2$）、小（$D<1.5$）。

（二）各方向干缩差异

1. 原因

木材是由许多细胞组成的植物体，细胞的不同种类、形状、大小、数量和排列，导致木材各向异性。干缩和湿胀的大小，不但在各树种之间有差异，即使同一块木材，纹理方向不同，干缩率也不同。据试验得知，从生材到干材纵向干缩率为 0.1% 左右，径向干缩率为 3%～6%，弦向干缩率为 6%～12%。也就是说，弦向干缩率最大，约为径向干缩率的两倍，而纵向干缩率最小，一般可忽略不计。

木材干缩在径向和弦向的差异最大，主要是由木材本身的构造造成的。木材是由许多细胞组成的复合自然体，而细胞又由细胞壁和细胞腔构成。细胞壁的主要成分是纤维素、半纤维素和木质素，细胞壁有内、中、外三层，因此径向和弦向的干缩差异大。

（1）木质素含量不同

木材纵向细胞的径面壁上的木质素含量比弦切面壁面高，由于木质素的刚度比纤维素高，吸湿性也就低，木材径向干缩率小于弦向干缩率。

（2）纹孔多与少的影响

纹孔是细胞壁局部未能加厚而留下的孔道，纹孔越多，细胞壁实质越少，木材干缩与细胞实质成正比。径面壁上纹孔较多，细胞壁实质少，而弦面却相反，所以径向干缩率小于弦向干缩率。

（3）木射线的影响

木材中木射线主要由横向排列的细胞组成，它是将射线细胞的长轴按年轮的径向逐一相连而成的。木材径向是射线细胞的长度方向，弦向是射线细胞的横向方向。试验得知，横向干缩率大于径向干缩率。

（4）早晚材影响

早材横向干缩小于晚材，因为早材密度低于晚材，即早材细胞壁实质低于晚材，干缩与细胞壁实质成正比，所以早材干缩率小于晚材干缩率。

在一个年轮中同时存在早材与晚材。对于整块木材来说，径向干缩率通常是早材干缩率和晚材干缩率的加权平均值，而弦向干缩率接近于晚材干缩率，这样就造成整块木材的弦向干缩率大于径向干缩率。

2. 影响木材干缩的主要因素

影响木材干缩的主要因素有以下几个方面：

（1）密度

在含水率相同的条件下，通常是木材的密度越高，横向干缩率越大。因此，从密度的高低也可略知干缩状况。

（2）晚材率

木材中早材晚材的密度差异大，往往晚材密度可高出早材 1 ～ 3 倍，故晚材的横向干缩率远大于早材干缩率，木材中晚材率越高的树种，横向干缩率也越大。

（3）树种

木材的干缩因树种而异，不同树种除密度与晚材率不同外，其结构和化学成分也不同，因此，对木材干缩也有影响。按树种粗略地说，针叶树材比阔叶树材干缩率小，但针叶树材的差异干缩率大于阔叶树材干缩率，软阔叶树材比硬阔叶树材的干缩率小；密度越高的树种干缩率也越大。

3. 减少木材干缩湿胀，提高木材地板尺寸的稳定性

（1）合理下锯，宜锯切径向面板材

在条件许可的情况下，下锯时尽量多出径切板材，其宽度干缩可以减半。

（2）合理干燥木材

木材干燥是关键，应参考各个树种的木材干燥基准表进行，绝不可盲目抢时间、省能源，不按干燥基准操作。

（3）高温热处理

高温能使纤维素中亲水羟基减少，使半纤维素分解，从而降低吸湿性，提高尺寸的稳定性。

（4）表面涂饰油漆、树脂等阻止水分渗入

表面涂饰油漆等，将木材表面封住，阻止水分渗入。

（5）改变木纤维排列

将木材纹理或纤维方向交错排列，干缩时相互牵制，可减少干缩。因此，木材宜制成胶合木、胶合板。

第二节 木材的化学组成与性质

一、木材的化学组成

木材是一种天然生成的有机材料，它的化学组成可分为主要组分和次要组分。

主要组分有纤维素、半纤维素、木质素（木素）。纤维素和半纤维素都属于多糖类，木质素属于芳香族化合物，它们是组成细胞壁的物质。纤维素是地球上最丰富的物质之一，在植物中普遍存在。在木材细胞壁中占50%左右，以长束状的微纤维丝形式存在。木质素在植物界分布很广，除菌、藻类低等植物以外，一般植物都含有木质素，木材中木质素占20%～30%，存在于细胞壁和细胞间质中。

次要组分有抽提物与灰分，它们以内含物的形式存在于细胞腔内，少量存在于细胞壁中。

木材的化学组分的含量与树种有关，一般阔叶树材中半纤维素较多，木质素较少；针叶树材中半纤维素较少，木质素较多（表5-1）。

表5-1 针叶树材和阔叶树材中主要组分含量

主要组分	针叶树材中的含量（%）	阔叶树材中的含量（%）
纤维素	42±2	45±2
半纤维素	27±2	30±5
木质素	28±2	20±4

二、木材主要化学成分的特性

（一）纤维素

纤维素是组成木材细胞壁的骨架物质，对木材的物理、力学性能有极重要的影响。纤维素是不溶于水的均一聚糖，由大量的葡萄糖基构成的直链大分子化合物，由碳（C）、氢（H）、氧（O）三种元素组成，其分子式为（$C_6H_{10}O_5$）$_n$，n为聚合度。

纤维素性质很稳定，不易溶于水、酒精、乙醚及其他有机溶剂，但能溶解于15～25g/L的氢氧化铜溶液或100～150g/L的铜氨溶液。纤维素分子中的羟基使纤维素具有吸湿性，导致木材也具有吸湿性，容易湿胀。

纤维素可以发生氧化、酯化、醚化、水解和交联等化学反应。如纤维素在一定温度下与酸作用，会发生水解产生水解纤维，最后可以得到葡萄糖。木材高温干燥后纤维素会降解，影响木材的韧性和强度。

甲醛与纤维素交联，可使纤维素的羟基封闭或网状化，改变纤维素的亲水性和膨胀性，这样可减小木材加工成的实木地板的变形量。

（二）半纤维素

半纤维素是相对分子质量较低的非纤维素的碳水化合物，是由不同的两种或多种糖基组成的共聚物的总称。通常有葡萄糖、甘露糖、木聚糖、己糖醛酸、戊聚糖、己聚糖等。

半纤维素化学稳定性差，一般为无定形的物质，是相对分子质量颇小的高分子化合物。

针叶树材与阔叶树材中半纤维素的化学成分不同，阔叶树材中组成半纤维素的糖基以木聚糖类、戊聚糖为主，针叶树材中以己聚糖为主。

半纤维素在细胞壁构造中起黏结作用，若将纤维素比作钢筋，将木质素比作混凝土，半纤维素则是钢筋和混凝土之间的连接件。所以，半纤维素是组成细胞壁的基本物质。

半纤维素的化学稳定性弱，含游离羟基，吸湿性、化学反应能力均比纤维素强，但其耐热性低于纤维素。

（三）木质素

木质素在植物界分布很广，除菌、藻类等低等植物以外，一般植物都含有木质素，木材中木质素占 20% ～ 30%，存在于细胞壁和细胞间质中。通常木质素在针叶树材中的含量略高于阔叶树材中。

木质素是芳香族化合物，由碳、氢、氧三种元素组成。木质素的化学稳定性和吸湿性均弱于纤维素。

木质素可以发生显色反应，即摩尔反应，可用来鉴别针叶树材与阔叶树材。摩尔反应是将木材试料用 10g/L 高锰酸钾溶液处理 5min，水洗后用 3% 盐酸处理，然后用水冲洗，再用浓氨溶液浸透。针叶树材将会显黄色或黄褐色，阔叶树材则显红色或红紫色，故可用此法识别木材。

木质素是硬固物质，其含量多少对木材硬度、耐磨性及强度有影响。

第三节　木材的力学性能

木材都要受刨、锯、磨等机械外力的作用，才能从原木加工成实木地板制品，而实木地板在使用中还要承受家具和人的重力压迫，以及人在行走过程中的磨损。

木材与金属性质不一样，木材是一种典型的异向性材料，在刨、削、磨等机加工时将产生不同的加工效果。因此，研究木材力学性质，可以正确而有效地指导企业在木材加工过程中做到安全性与经济性，使木材合理使用。

一、木材力学性能基本概念

木材力学性能是指木材抵抗外部机械力作用的能力。本节主要研究木材应力与变形的有关性质能。

外力作用于木材，可分为拉、压和剪三种基本形式。两个相对外力作用于木材，使木材尺寸伸长的力称为拉力；两个相对外力作用于木材，使一部分脱离与其相连的另一部分，在接触面上产生的力称为剪力；两个相对外力作用于木材，使木材尺寸缩短的力称为压力。其他受力形式均可由这三种基本形式来组合，如弯曲即拉、压和剪共同组成的复杂应力。

1. 木材的应力和应变

木材受到外力作用时，会产生与外力大小相等、方向相反的内力。单位面积上所受的内力称为应力。受力木材产生形变，单位长度上的形变称为应变。

2. 木材的弹性和塑性

木材的弹性是指受外力作用发生形变，卸载后形变即消失，可恢复其原有的形状和大小的性能。

木材的塑性是指木材在外力作用下，应变增长速度大于应力增长速度，简单地说木材应力不变而形变继续发生的性质称为塑性。木材是弹性—塑性，其应力与应变的关系与理想弹性体的线性关系不同，在常温恒湿条件下，木材在外力作用下并不呈现明显的屈服点就受到破坏。

3. 弹性模量

弹性模量是木材发生单位应变时的应力，表现材料抵抗变形能力的大小，其值越大，越不容易变形，表示材料刚度越好。

4. 木材强度、韧性和破坏

强度是指单位面积的木材在规定的方向上能抵抗的最大荷载能力。韧性是指骤然荷载下的抵抗能力，是木材吸收能量和抵抗反复冲击荷载或抵抗超过比例极限的短期应力的能力。

虽然强度和韧性最终都会达到破坏水平，但达到破坏水平的量值是不相同的。韧性在数值上是以单位面积上需要的能量（单位：J/m^2）度量的，而强度是以应力（单位：Pa）值度量的。

二、分类

（一）按力学性能分类

按力学性能分为强度、硬度、刚性、韧性。强度是抵抗外部机械力破坏的能力；硬度是抵抗其他刚性物体压入的能力；刚性是抵抗外部机械力造成尺寸和形状变化的能力；韧性是抵抗冲击的能力。

（二）按荷载形式分类

按荷载形式可分为静力荷载、冲击荷载、振动荷载、长期荷载。静力荷载是缓慢、均匀地施加荷载的一种施载形式。对实木地板进行强度测试时，几乎都是测定静力荷载；冲击荷载是集中全部荷载在瞬间猛击的施载形式；振动荷载是一次性改变力的大小和方向的一种施载形式；长期荷载是力作用较长时间的一种施载形式。

（三）按作用力方式分类

按作用力方式可分为拉伸、压缩、剪切、弯曲、扭转等。

（四）按作用力方向分类

按作用力方向可分为顺纹、横纹。横纹中又可分为弦向和径向。

（五）按工艺要求分类

按工艺要求分类可分为抗劈力、握钉力、弯曲力和耐磨性等。抗劈力是木材在尖楔作用下，抵抗纹理方向劈开的能力；握钉力是木材抵抗铁钉拔出的能力；弯曲力是木材弯曲破坏前的最大弯曲能力；耐磨性是木材抵抗磨损的能力。

三、实木地板主要强度性能

由于木材具有相对于纤维方向的各向异性特性，作用力方向相对于纤维方向分为顺纹和横纹，横纹又可分为弦向和径向，如图 5-1 所示。

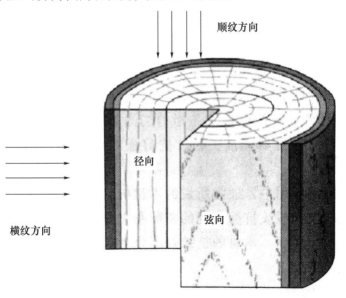

图 5-1　木材加工方向

（一）抗压强度

木材抗压是木材力学性能中最基本最重要的特性，也是实木地板在使用中最重要的一项指标，木材的抗压强度分为顺纹抗压强度和横纹抗压强度。木材顺纹抗压强度是指沿着木材纹理方向承受压力荷载的最大能力，计算公式如下：

$$\sigma=\frac{F}{a \cdot b}$$ （5-13）

式中　σ——抗压强度，MPa；

　　　F——试件最大荷载，N；

　　　a——试件厚度，cm；

　　　b——试件宽度，cm。

　　木材顺纹抗压强度为抗拉强度的 10% ～ 30%，木材横纹强度是指垂直于木材纹理方向所能承受的压力荷载的最大能力。木材横纹抗压强度是顺纹抗压强度的 15% ～ 20%。

（二）抗弯强度

　　木材抗弯强度是指木材承受逐渐施加弯曲荷载的最大能力。抗弯强度为木材最重要的力学性质之一。计算公式如下：

$$\sigma_{\mathrm{w}}=\frac{3P \cdot l}{2b \cdot h^{2}}$$ （5-14）

式中　σ_{w}——抗弯强度，MPa；

　　　P——试件最大荷载，N；

　　　l——安放试件支座间距，cm；

　　　h——试件高度，cm；

　　　b——试件宽度，cm。

（三）抗拉强度

　　木材抗拉强度是指木材承受拉力荷载的最大能力。拉力方向与木材纹理平行者称为顺纹拉力，与纹理垂直者称为横纹拉力。据试验得出结论，木材的顺纹抗拉强度比横纹抗拉强度高 10 ～ 40 倍。

　　木材在干燥过程中经常会出现开裂现象，其中一个原因也是木材横纹抗拉强度远远低于顺纹抗拉强度。木材抗拉强度计算公式如下：

$$\sigma_{\mathrm{L}}=\frac{P}{a \cdot b}$$ （5-15）

式中　σ_{L}——抗拉强度，MPa；

　　　P——试件最大荷载，N；

　　　a——试件厚度，cm；

　　　b——试件宽度，cm。

（四）硬度

　　木材硬度是指木材抵抗另一个刚体压入表面的能力，是实木地板使用性能很重要的指标之一。一般来说，硬度越高，耐磨性越好。常用的硬度指标有布氏硬度、洛氏硬度和维氏硬度。我国木材硬度是采用半径为 5.64mm 的钢球，以在静荷载下压入试件的深度进行测试。

通常木材端面硬度高于侧面，针叶树材平均高出 35%，阔叶树材高出 25% 左右，大多数的树种弦面和径面硬度相近，但木射线发达的麻栎、青冈栎等树种的木材硬度弦面可高出径面 5 ～ 10 倍，木材密度对硬度影响极大，密度越高，影响越大。

（五）握钉力

木材握钉力是指钉子被拔出时木材的阻力。木材握钉力与木材密度、木材的含水率、木材的可劈裂性、钉子本身等因素有关。木材的密度越高，握钉力越大。虽然密度高的木材比密度低的木材握钉力大，但是密度低的木材不容易劈裂。木材顺纹握钉力大约为横纹握钉力的 2/3。螺钉的握钉力大于圆钉的握钉力，所以实木地板采用木龙骨铺装法时，通常采用螺纹钉将实木地板固定在木龙骨面上。

四、影响木材力学性能的主要因素

（一）水分的影响

自由水对木材力学性能无影响，而吸着水的含量是造成木材力学性质变化的主要因素。据试验得知，木材含水率在纤维饱和点以上时，力学强度是一个常数，即同一块木材含水率在 50%、60%，甚至 100% 时，力学性能大致相等；在纤维饱和点以下时，木材力学强度随含水率的减少而增加。

（二）密度的影响

木材密度是判断木材强度的主要指标，密度高则强度高。木材密度反映了木材细胞壁实质的多少，而木材抵抗外力的能力，除与木材细胞壁实质多少有关外，也与细胞壁的组成成分比例和细胞腔内抽提物的多少有关。因此，衡量木材抵抗外力的能力通常用强重比的数值来表示，即强度与密度之比。

（三）作用时间的影响

木材对长期荷载的抵抗能力和对短暂荷载的抵抗能力是不同的，对短暂荷载的抵抗能力大于对长期荷载的抵抗能力。例如，一块实木地板受力时间为 4min，假如可承受荷载的数值为 "1"，那么此块地板受力时间为 1min 时，其承受荷载可达 "1.12"。因此，作用时间长短对木材强度有很大影响。

（四）温度和湿度

木材在温度 40 ～ 60℃ 的长期影响下，会发生缓慢的炭化，颜色逐渐变为暗褐色，多数木材随温度的升高，强度降低。

处于 0℃ 以下的冷冻而湿的木材，除抗冲击力有所降低外，其他木材强度指标均有所增高。木材易受到温度和湿度的同时影响，如蒸煮会降低木材力学性能指标，蒸煮时间越长，温度越高，木材强度降低得越多。

第四节　木材的生物性质

一、概念

木材是由细胞构成的一种生物材料，构成细胞壁的主要成分是纤维素、半纤维素、木质素三大类，而其中纤维素在木材细胞壁中占 50% 左右，是木材细胞壁的主要物质。

纤维素和半纤维素都属于多糖类，木质素属于芳香族化合物。两者的区别是，半纤维素含有多种糖基。纤维素和半纤维素两者皆可酯化、醚化、氧化和乙酰化，又可在适当条件下水解生成葡萄糖。由于上述原因，也导致了木材微生物在一定温度、湿度条件下侵入木材细胞壁中，分解纤维素、半纤维素中的糖类，使木材出现腐朽、霉变、变色等不良现象，造成木材质量等级下降。严重腐朽时，甚至使木材丧失使用价值。

二、分解木材的微生物

（一）木材微生物

木材微生物指可以生长在木材上的微生物，它们能生长在木质细胞的间隙和细胞中，以木材为基质生长和繁殖。

木材腐朽和变色在大多数情况下，都是由真菌寄生引起的。真菌是一种低等生物，没有叶绿素，不能进行光合作用为自己制造养分，需要寄生在其他生物体上吸收养分来生存。木材是真菌最好的生存基体。

木材上微生物类的真菌有木材腐朽菌、木材软腐菌、木材变色菌、污染性霉菌、细菌等。这些微生物在木材上的寄生常常引起木材腐朽、颜色变化，致使木材材质变坏。

引起木材腐朽的真菌，一般为木腐朽菌。木腐朽菌寄生在木材上以木材细胞壁为养料，菌丝体能分泌一种酸，把木材细胞壁中的纤维素和戊聚糖分解，导致木材腐朽。

引起木材变色的真菌称为变色菌。这类真菌寄生在木材上，会使木材变色。木材呈现的颜色随真菌丝和分泌色素的不同而不同。

（二）微生物侵蚀木材

木腐朽菌侵蚀木材后会引起多种腐朽，其中褐腐、白腐、软腐对木材的破坏作用最为严重。引起木材褐腐的真菌称为褐腐菌，主要分解木材中的纤维素和戊聚糖，基本不破坏木质素，木材腐朽后呈褐色。白腐菌可使木材发生白腐，它主要分解木材中的木质素，木材腐朽后呈白色，发生白腐时，往往在实木地板坯料的表面出现黑色或褐色的细线。软腐朽菌是由半知菌和子囊菌引起的，这种腐朽相当普遍，分解了木材细胞中的纤维素，使木材表面变软。

变色菌侵蚀木材后，主要吸收木材细胞壁腔中的内含物，如淀粉、糖类等。有色菌丝和色素积聚在木材上引起木材表面变色，其中最常见的是在实木地板坯料表面呈现青色与黑色的色斑，我们称其为蓝变与黑变。

三、木材组分的生物分解

寄生在木材上的微生物将复杂的木材细胞壁组分分解成简单的容易萃取的营养物质。

1. 纤维素的生物分解

纤维素的生物分解是通过微生物在一定温度条件下与酸作用发生水解，生成水解纤维素，最后生成葡萄糖。

2. 半纤维素的生物分解

半纤维素比纤维素更容易被酸水解，在纤维素开始分解之前，已有较多的半纤维素被分解，微生物通过酶的作用将半纤维素分解成戊糖和己糖。如在多种酶的作用下，半纤维素可以分解成多种单糖。

3. 木质素的生物分解

纤维素和半纤维素属于木材多糖类物质，容易受微生物分解，而木质素具有芳香族特性，是硬性物质，难以分解。对木质素具有较强分解能力的是白腐菌。在木质素分解之时，纤维素、半纤维素往往也会受到生物分解。

四、木材微生物腐朽、变色的预防

采伐后的木材粗加工后的坯料在贮存、运输和使用过程中，特别是在潮湿的环境中，容易发霉、腐朽、变色，速度极快，只要在几天时间，在适宜的温度和湿度环境中，就能使木材表面显现霉点、变色。虽然变色、霉点不影响木材的力学强度，但严重影响外观，特别是实木地板作为地面装饰材料，对外观要求极高。因此预防木材表面霉点和变色尤为重要。

（一）木材微生物生长条件

生长在木材上的真菌、细菌等微生物，相当于高等植物的种子，可以借助于风、水、昆虫或人的因素传播到木材上，在一定条件下就会以形成菌丝等方式繁殖。这些条件包括营养、温度、湿度、空气等。

1. 营养

木材腐朽菌生长所需营养物质，主要是木材细胞壁物质。木材腐朽菌的菌丝可分泌各种酶，在酶的催化作用下，木材细胞壁中的纤维素、半纤维素和木质素等可以分解成简单的养料，供木材微生物生长繁殖。

2. 木材含水率

水分对微生物的生长影响很大，一般当木材含水率在 20% 以上时就能生长，而最适宜真菌菌丝繁殖的含水率为30%～60%，含水率过高或过低都不适宜木腐菌生长。当木材含水率在纤维饱和点以下时，除少数菌种外，一般木腐菌菌丝体的生长发育完全受到抑制，或处于休眠状态。

3. 温度

木腐菌的生长对温度的适应范围广。但大多数木腐菌在25～40℃时生长较快，对高温的抵抗力较弱，对低温的抵抗力较强。

4. 空气（氧气）

氧气对木材微生物的生长至关重要，但并不是所有木材微生物都需要氧气。木材上生长的真菌是需氧微生物，完全没有氧时就会停止生长，但一般不会死亡。它们通过无氧呼吸延续生命。贮木池中用水贮存的木材，为什么不会发生腐朽，就是因为缺乏氧气。真菌的生长喜欢不流动的空气，如通风或气流速度较大，可以减慢其生长。

（二）木材微生物的预防和消除

为了有效地消除木材微生物，可采取以下措施：

1. 抑制木材微生物生长

木材微生物的生长发育需要一定条件，可以人为制造不利于微生物生长的环境。

（1）将未干的湿材迅速干燥以减少木材中的水分，或将木材置于通风良好易干燥之处贮存。

（2）为避免微生物与空气中的氧气接触，可将木材贮存在水中，也可用水定期喷淋。

（3）制造不利于微生物生长的环境，在北方可将木材存放在雪地，或用锯末、塑料泡沫覆盖，保持低温贮存。

2. 木材表面防腐处理

为了防止木材受到微生物侵害导致腐朽变色，可采用涂覆、喷淋、浸泡或加压等手段，将防腐剂或防霉剂附着在木材表面，药剂应是低毒、色浅，并具有良好的渗透性。木材锯解后应尽快进行防腐处理，在户外贮存前，处理材应避免阳光照射或雨水淋，至少一天以前不被雨淋或日晒。

3. 阻碍微生物的渗透

在木材端面涂刷化学药剂能够有效阻止微生物的渗透，可采用硫酸铜溶液等对新采伐的木材进行涂刷处理。用于木材防腐的许多药剂也可以起到防变色和防霉变的作用，如五氯酚、五氯酚钠、溴二碘、丙烯氨基甲酸乙酯、安康唑、百菌清等药剂。

此外，喷涂防腐剂的办法也十分有效。保持木材贮存场地清洁尤为重要，木材废料和腐朽木材必须及时清除。

第五节　木材的环境学性质

木材是人类使用最古老的材料之一。自古以来，木材以天生具有的香、色、质、纹四大特性，受到人们的钟爱，并广泛应用于居住（木屋）、建筑、装饰、家具、地面装饰材料等工作场所和居住环境之中。只要居所中有木材或木制品（家具、地板等）的空间，就会使人们感到清新、舒适、温馨、深沉，从而提高和改善人们的生活质量和工作效率，这些与木材的环境学性质有着密切的关系。

一、木材是天然、可持续发展的绿色生物材料

木材是当今世界公认的四大材料（钢材、水泥、塑料、木材）中唯一可再生，又可以多次使用的生物材料，其纹理美观，材色丰富，是钢材、水泥、塑料等其他材料无可比拟的。

首先，它是唯一可再生的生物资源，是可持续利用与发展的材料，又具有质轻、强度高、美观、易于加工的特点，加工过程中能耗低，使用过程中无污染，处理过程无毒、易降解。

其次，从环保方面分析，森林是一种再生资源，使用木材有利于保护环境，只要所使用的木材在合理经营管理的范畴内，就能持续不断且稳定地为人类提供资源，而水泥、钢材和塑料是不可再生资源。森林通过光合作用吸收二氧化碳来制造木材，减少碳排放，减少温室效应，基本不需要提供附加的能源，对环保和节能贡献巨大。

木材是森林的产物，只要有森林就有木材，是一种再生、有机、无毒、节能、可生物降解、对环境友好的材料，木材将永远和人类共存。加工成的实木地板也具有上述特性。

二、木材在室内环境中具有调湿性能

木材的调湿特性，在本章第二节中已述说，木材是靠自身的吸湿和解吸作用，直接缓和调节室内环境的温度变化。

1. 湿度与室内环境的舒适性

室内工作或居住环境的相对湿度在 60% 左右较为适宜，而人体在室内环境工作或生活最舒适的相对湿度为 40% ～ 60%。

2. 木材厚度与调湿大小效果

木材的调湿原理是当室内环境湿度高时木材吸收环境中水分；反之，则能释放水分，来调节室内的湿度。

木材含水率变化的幅度直接与木材厚度有关，经试验测定：3mm 厚的木材，只能调节 1 天内湿度；5.2mm 厚的木材可调节 3 天；9.5mm 厚的木材可调节 10 天；16.4mm

厚的木材可调节一个月。

室内湿度处于动态变化状态，要想使室内湿度保持长期稳定，必须增加室内装饰材料的厚度。实木地板厚度通常在18mm左右。

3. 木材在室内使用量与调湿能力

当室内使用木制品（地板、木墙裙、天花板、家具等）少时，如果室内环境湿度高，尽管木材可吸湿，但室内湿度调节量小；反之，当木制品在室内较多时，居室内全部铺装实木地板，摆放实木家具，吸湿与解湿能力就强，能保持室内环境湿度不变。

三、木材及其制品在室内环境中具有良好的保温隔热性能

木材盖的木屋或木质墙壁、实木地板等木制品，装饰在墙或地面上，可以缓和外部气温变化所引起的室内环境温度变化，其影响内部温度变化的程度可用物质的热扩散率来表示。

热扩散率是指在温度上升或下降时，物体各部分温度趋向于一致的能力。物体的热扩散率越大，在同样外部升温或降温时，物体内部的温度差异越小。

木材的热扩散率远小于混凝土和钢铁，因此木材比混凝土、钢铁具有更好的隔热性和温度调节性能。据试验得知，木材房屋（木材或木制品装饰的房屋）与混凝土房屋相比，室内夏季温度偏低，而春、秋、冬三季的温度偏高，通俗地讲就是冬暖夏凉。正因为这样，实木地板深受广大消费者青睐。

四、环境内隔声吸声性

任何材料都具有一定的吸声能力，吸声能力通常用吸声系数表示，即木材吸收的声能量与作用于木材的声能量之比。开启的窗的单位面积的吸声系数为1或100%，把这个作为基准与其他物质的吸声系数比，称为该物质的吸声率。吸声率随材料厚度增加而增大，超过20mm则无影响。

根据试验得知，当声波入射到刨削的木材表面时，能量的94%被反射，6%被木材吸收，而且表面越粗糙的木材或材质越软的木材吸收声音的能力越强。通常结构坚硬、光滑、紧密的材料吸声能力差，如瓷砖、石材、金属吸声能力差，而木材的结构多孔、材质硬度适中、纤维结构细密，隔声降噪的能力明显优于瓷砖、石材和金属等。因此，木材具有吸声、隔声、降低声压、压缩环境中残响时间的功能，可使居室和办公场所的环境更加宁静、舒适，减少噪声公害对室内环境的不良影响。

研究表明，实木地板、木质天花板、木质隔声板和木质家具都是理想的隔声材料，有利于室内环境噪声的控制。据测，实木地板铺装在室内比石材可降低室内噪声10dB。

第六章 木材缺陷

第一节 木材缺陷的概念

大自然中生长的树木，在生长过程中受到周围环境中气候变化的影响，或采伐后保管不善、加工不当，致使木材组织遭到破坏，改变了正常的木材性能，降低了木材使用价值，出现以上情况，我们就称其为木材缺陷。

国内外专家对木材天然缺陷的概念有以下几种不同的提法：

一种认为，木材天然缺陷是指降低木材商品价值的非正常和不规则部分，它们会降低木材强度，影响加工和装饰质量外观。

美国学者 Panshin 认为，木材天然缺陷是指木材适用于某种特殊用途的质量缺陷。

我国为了统一认识，制定了国家标准，在国家标准中对木材缺陷的定义是，凡呈现在木材上能降低其质量，影响其使用的各种缺点，均为木材缺陷。

我国制定的木材缺陷基础标准有两个：《原木缺陷》（GB/T 155—2017）、《锯材缺陷》（GB/T 4823—2013）。

随着木材工业快速发展，以及全球森林资源的不断减少，尤其是珍贵木材生长周期又长，人们对木材自然缺陷的认识也在不断变化，缺陷与健全木材的界限，不是固定不变的。

缺陷与木材用于制造木制品的品类相联系，对一种用途而言是缺陷，对另一种用途而言又可能是优点。一般情况下，用于建筑的木材，节子影响了木材力学强度，而用在某些装饰中，如家具、木地板、木墙裙等木制品的表面装饰时，却以节子作为显示自然气息的图案。活节在这些木制品中则成了优点，特别是木地板行业为满足部分消费者的喜好，刻意将健全的木材利用机器和手工操作并举将木地板表面打造成具有节子、裂纹等天然缺陷的实木地板或实木复合地板。

从上述例子可见，木材天然缺陷的概念有一定的相对性。

第二节 木材的天然缺陷

根据《原木缺陷》（GB/T 155—2017）。原木缺陷分为六大类，分别是节子、裂纹、干形缺陷、木材结构缺陷、真菌造成的缺陷、伤害，此外还有干燥缺陷。根据《锯材缺陷》（GB/T4823—2013），锯材缺陷共分四大类，分别是生长缺陷、生物危害、加工缺陷、干燥缺陷。

一、节子

由于生长和环境等因素的变化，树木在生长过程中节子出现在树干内部枝条或枯死枝条的基部，在用材中被称为节子。

木材有节子是正常现象，但节子是木材中影响最大而又最为普遍的一种生长（天然）缺陷。节子的存在破坏了正常纹理，在节子周围的年轮纹理形成局部皱褶弯曲的涡形纹理。由于节子破坏木材构造的均匀性和完整性，降低木材的物理和力学性能，不利于木材的有效利用。

节子影响木材的利用程度，主要是根据节子的材质、分布位置、尺寸大小、密集程度和木材用途而定。节子是木材分等的关键因素，也是造成木材降等的主要因素之一。

根据节子的质地及其与周围相连的情况，可分为活节、死节、漏节。

1. 活节

活节是活枝条的基部，它和周围木材全部紧密相连，质地坚硬，结构正常。

2. 死节

死节是树木枝条枯死后，树木生长时把它包藏在树干内，与周围木材或部分或全部脱离。死节质地有的坚硬，有的松软，甚至已经开始腐朽。

3. 漏节

漏节是节子本身构造大部分已破坏、已腐朽的节子，呈筛孔状、粉末状或有空洞，并已延伸到树干内部与树干内部的腐朽部分相连。漏节常成为树干内部腐朽的外部特征。

二、变色与腐朽

变色与腐朽在本章第四节中已论述，是由生物危害造成的，是活立木、伐倒木或成材木材缺陷。

（一）变色

变色是木材正常颜色发生了改变，可分为化学变色与真菌变色。

1. 化学变色

化学变色指伐倒木由于化学或生物化学反应产生的浅棕红色、褐色或橙黄色等不正常颜色，其颜色一般比较均匀，仅分布于木材表层，对木材的物理力学性能皆没有影响。严重时仅损害木材的外观质量。

2. 真菌变色

真菌变色是由真菌侵入木材而引起的，又分为霉菌变色、边材变色菌变色、腐朽菌变色。霉菌变色仅限于木材表面。干燥后易于消色，或可以通过刨切清除，仅损害木材的表面。腐朽菌变色是由于腐朽菌侵入木材初期引起的，常见有红斑等，初期对木材的物理力学性能影响不大，随后会发展为腐朽。

（二）腐朽

腐朽是由腐朽菌侵入木材引起的，按腐朽的类型和性质可以分为白腐和褐腐。

1. 白腐

白腐是白腐菌破坏木材细胞的木质素以及碳水化合物形成的，使得木材多呈白色或浅黄色、浅红色或暗褐色等，产生大量浅色或白色斑点，并露出纤维状结构，外观多似蜂窝状、筛孔状，又称其为筛孔状腐朽、腐蚀性腐朽。

2. 褐腐

褐腐是褐腐菌破坏木材细胞壁的木质素以及碳水化合物所形成的，使得木材呈红褐色或棕褐色，质脆。中间有纵横交错的块状裂缝。褐腐后期，受腐朽的木材很容易被捻成粉末，所以又称粉末腐朽或破坏性腐朽。

受腐朽破坏的木材密度和强度明显降低，所以腐朽是木材最严重的缺陷之一，严重影响木材物理力学性能，特别是木材的冲击韧性显著下降。

三、虫害

虫害也是生物危害造成的，是由各种昆虫造成的木材缺陷。昆虫蛀蚀木材形成的孔道，称为虫眼（虫孔），分为表虫眼、虫沟、小虫眼、大虫眼等。木材害虫主要危害未干燥木材和加工后的干燥木材。

四、树干形状缺陷

树干形状缺陷是指树木在生长过程中，受到环境条件的影响，树干形成不正常的形状，包括弯曲、尖削、大兜、凹兜和树瘤。

1. 弯曲

弯曲是指树干中心线不在一条直线上，而向左、右、前、后凸出的现象。弯曲见于所有树种，但阔叶树材比针叶树材多。椴木是树干弯曲较大的树种。

木材的弯曲对材质影响很大，它将降低木材的纵向强度，弯曲对木材出材率有很大影响，据测定弯曲度每增加 1%，出材率减少 0.1%。

在木地板生产过程中，若用原木直接剖材，应合理截断，先由弯取直。

2. 尖削、大兜、凹兜

尖削是指树干上下两端直径相差比较悬殊的现象，会增加废材量。尖削度大的原木在制材时如下锯不当，往往会锯出斜纹理的锯材。

大兜是指树木根基部分特别肥大、呈圆形或近圆形，又称为圆兜或肥大根子。对木材加工成地板坯料时的影响，类同于尖削。

凹兜指树干根基部分凹凸不平的现象，也称为树腿。加工地板坯料时，出材率低，废料多。

3. 树瘤

树瘤是指树木在生长过程中，因为自身的生理或病虫害导致树木局部树干膨大，呈现不同形状、不同大小的鼓包。具有树瘤的木材加工成木地板坯料时，就可使地板具有美丽的花纹图案，但同时会增大木材加工时的难度。

五、木材构造缺陷

木材构造缺陷是树木的树干上由于不正常的木材构造所形成的各种缺陷，如斜纹、乱纹、涡纹、髓心、双心、树脂囊等。

1. 斜纹

斜纹在圆材中又称扭转纹，是指木材中纤维排列与纵轴方向不一致所出现的倾斜纹理。其形成的原因有两方面：天然形成或加工不当形成。

斜纹的木材在锯切成地板坯料时，在径切面的板面上纹理呈倾斜状，对木材物理力学性能的影响甚大。因斜纹木材的纵向收缩增大，在干燥时极容易发生翘曲。

2 乱纹

乱纹是一种不规则的木材构造。在木材表面显示出木材纤维排列方向曲折无常呈交错或杂乱状，是在木材加工成地板坯料中常见的构造缺陷，在机加工时易损伤刀具。通常该现象出现在树干的根部，或在树干的木瘤部分，严重者整根树干皆是此纹理。

乱纹木材的抗拉、抗弯强度降低，但抗劈、抗剪强度有所增高，而且表面能形成美丽的纹理。因此该结构的木材常用于表面装饰。

3. 涡纹

涡纹是指木材受树节或夹皮的影响而形成的年轮局部弯曲，纹理呈旋涡状。涡纹降低木材的顺纹压力、静力弯曲及冲击强度。这种缺陷通常都是随节子和树皮同时存在的的。

4. 髓心

髓心是指树干的横断面上第一轮的中间部分，由脆弱的薄壁组织构成，髓心周围的木材强度极低。《实木地板 第1部分：技术要求》（GB/T 15036.1—2018）规定，木材表面不允许有髓斑。

5. 双心

双心是指树干同一个横断面上同时存在两个年轮系统、两个髓心，外围并环绕有共同年轮，主要是由造材时在树干双枝桠处截断所致。双心增加木材构造的不均匀性，在加工成地板坯料时，极易引起锯材产生的翘曲与开裂。

6.树脂囊

树脂囊是指年轮中间充满树脂的条状槽沟，这种缺陷导致木地板在涂饰表面油漆时，涂饰困难或影响美观。《实木地板　第1部分：技术要求》（GB/T 15036.1—2018）规定，优等品不允许有树脂囊。

第三节　木材天然缺陷对实木地板质量的影响

树木在生理上和自然生长过程中受到周围环境的影响，或采伐后储存、运输不当等，引起木材组织不正常，或因遭到破坏使材质受损。将木材加工成实木地板坯料时，有的木材缺陷必须剔除，有的可保留在实木地板表面，详情可参考表6-1实木地板外观质量要求〔摘自《实木地板　第1部分：技术要求》（GB/T 15036.1—2018）〕。

表 6-1　实木地板外观质量要求

名称	正面		背面
	优等品	合格品	
活节	直径 ≤ 15mm 不计，15m < 直径 < 50mm，地板长度 ≤ 760mm，≤ 1 个；760mm < 地板长度 ≤ 1200mm，≤ 3 个；地板长度 > 1200mm，5 个	直径 ≤ 50mm，个数不限	不限
死节	应修补，直径 ≤ 5mm，地板长度 ≤ 760mm，≤ 1 个；760mm < 地板长度 ≤ 1200mm，≤ 3 个；地板长度 > 1200mm，≤ 5 个	应修补，直径 ≤ 10mm，地板长度 ≤ 760mm，≤ 2 个；地板长度 > 760mm，≤ 5 个	应修补，不限尺寸或数量
蛀孔	应修补，直径 ≤ 1mm，地板长度 ≤ 760mm，≤ 3 个；地板长度 > 760mm，≤ 5 个	应修补，直径 ≤ 2mm，地板长度 ≤ 760mm，≤ 5 个；地板长度 > 760mm，≤ 10 个	应修补，直径 ≤ 3mm，个数 ≤ 15 个
表面裂纹	应修补，裂长 ≤ 长度的15%，裂宽 ≤ 0.50mm，条数 ≤ 2 条	应修补，裂长 ≤ 长度的20%，裂宽 ≤ 1.0mm，条数 ≤ 3 条	应修补，裂长 ≤ 长度的20%，裂宽 ≤ 2.0mm，条数 ≤ 3 条
树脂囊	不得有	长度 ≤ 10mm，宽度 ≤ 2mm，≤ 2 个	不限
髓斑	不得有	不限	不限
腐朽	不得有		腐朽面积 ≤ 20%，不剥落，也不能捻成粉末

第七章　实木地板常用木材

第一节　实木地板用材要求与常用树种

一、实木地板用材要求

自古以来，人们已习惯将原木引入自己的生活空间。而实木地板源于自然、成于自然，始终保持自然本色，色泽柔和，纹理丰富多彩，材质软硬适中，无污染，不易吸尘，迎合了二十一世纪人们追求的环保健康、自然的风尚，深得人们的青睐。

实木地板的原材料是木材，木材是由无数细胞组成的，木材细胞的形状大小不一，具有各向异性和变异性、组织不均匀性，特别是木材加工成的实木地板的吸湿性，会随着生产与使用地域的不同，以及季节变化时环境相对湿度的忽高忽低而变化。木材吸收或散发水分，造成木材膨胀或干缩，导致实木地板尺寸不稳定，引起变形、翘曲和开裂等不良现象。为此，实木地板采用的木材必须具有如下要求：

（1）木材材性稳定（尺寸稳定性好）；

（2）木材具有抵抗表面磨损与破坏的能力；

（3）木材具有一定硬度，具有一定的抗弯、抗剪强度；

（4）木材表面具有一定的装饰性。

二、实木地板用材的树种

实木地板采用的木材以阔叶树材为主，针叶材在 20 世纪 30 至 40 年代应用较多，目前部分采用阔叶树材。

实木地板采用的阔叶树材有国产材与进口材。

国产阔叶树材种类有数百种，常用于实木地板的材种有柞木、水曲柳、槭木、枫木、胡桃楸、檫木、核桃木、西南桤木、红椿、柚木、黄檀、铁刀木、榉木、青冈、麻栎、榆木、花梨木等材种。

第二节 常用木材的特征及加工性能

一、橡木与柞木

1. 木材特征

橡木与柞木属于同科，两者质地相近，但橡木是进口材，广泛分布在北半球区域，有 200 多个品种。柞木是国产材，主要分布在吉林、辽宁、陕西、湖北等东北地区和华北地区。

橡木与柞木两者的边材与心材区分略明显，边材灰黄白色，心材色泽多变，黄褐色微红至红褐色，纹理直，有时亦有斜纹，结构粗，花纹美丽，年轮明显，呈波浪状，有光泽。

2. 加工性能

橡木与柞木都具有较高的力学强度，耐磨损，气干密度为 $0.66 \sim 0.778 \mathrm{g/cm^3}$，不易干燥，干缩系数见表 7-1。干燥时易开裂、翘曲。木材锯解时切削不易，易于钻孔，但两者刨切后皆能获得光滑的表面，湿材刨切易起毛。木材握钉力大，但不易钉入。涂漆、着色性能良好，但不易胶着，耐腐蚀性和抗蚁性弱。

表 7-1 橡木与柞木干缩系数

树种	干缩系数			
	径向	弦向	体积	差异干缩
橡木与柞木	$0.181 \sim 0.199$	$0.316 \sim 0.318$	$0.520 \sim 0.590$	$1.588 \sim 1.757$

二、水曲柳

1. 木材特征

水曲柳是国产材，是实木地板的主要材料之一，主要生长在东北地区和华北地区，心材、边材色泽区别明显，边材呈黄白色，而心材为灰褐色略显黄，生长轮明显但不均匀，木质结构粗，纹理直，花纹美丽大方，且有光泽，硬度较硬，适宜做木地板、家具、墙裙等木制装饰。

2. 加工性能

水曲柳气干密度约为 $0.686 \mathrm{g/cm^3}$，其木质具有弹性、韧性好，木材加工性能较好、较易，切削后的木材切面光滑、耐磨损，但不易干燥，干缩性强，干缩系数见表 7-2。干燥时容易发生翘曲、变形，较耐腐蚀、耐水，材质坚韧，抗弯性能好。

表 7-2　水曲柳干缩系数

树种	干缩系数			
	径向	弦向	体积	差异干缩
水曲柳	0.171	0.322	0.519	1.883

水曲柳木材加工中可通过钉、螺丝及胶粘剂得到良好固定，又可经过染色及抛光等方法取得良好的装饰表面，适合于干燥气候，不易老化，性能变化小，是东北地区、华北地区珍贵用材的材种，不仅可做实木地板，还可制作各种家具、乐器、木门窗等木制品。

三、桃花心木

1. 木材特征

桃花心木为进口材，主要产地在美国佛罗里达州南部、西印度群岛和南美洲，在古巴也有纯种植桃花心木森林。目前我国已引进该树苗进行栽培，分布于桂、粤、闽等地区。

该树直径可达 1.5m，长度高达 40m，作为世界有名的装饰及家具用材，外观漂亮有光泽。心材、边材区别明显，边材色浅呈淡黄色至淡黄白色，心材颜色变异大，从淡粉色到深红褐色，生长轮明显，纵切面的管孔内可见到深褐色或黑色的树胶，弦切面上可见带状薄壁组织形成的细线、木材纹理直至交错，常形成带状花纹或波浪形花纹，结构较粗。

2. 加工性能

材质软硬适中，气干密度为 0.56 ～ 0.67g/cm^3，干缩率小，干缩率见表 7-3，易干燥，不易开裂和翘曲。在使用中也不会遭受虫害，是做实木地板的好材料。木材加工锯、刨时难度适中，遇到不规则木纹时，可采用减小切削角度处理，这样锯、刨加工出来的木材表面光滑，握钉力与胶黏性能良好。

表 7-3　桃花心木干缩率

树种	全干干缩率（%）		气干干缩率（%）	
	径向	弦向	径向	弦向
桃花心木	2.1 ～ 3.9	2.9 ～ 5.7	1.4	2.2

四、柚木

柚木既有进口材，也有国产材，市场上常见的柚木分布于印度尼西亚、越南、印度、马来半岛、中南半岛等地域；非洲西部、热带美洲、西印度群岛等热带地域现都有引种，我国引种栽培后，已成为室内装饰及木地板重要珍贵用材树种。

1. 木材特征

柚木树干通直，高达 39 ～ 50m，树径 150 ～ 250cm，出材率高。心材、边材间区分明显，心材呈浅褐色或褐色，较长时间置于大气环境中会转呈深褐色，边材黄褐色微红，生长轮明显，宽度略均匀或不均匀，木射线稀少，在肉眼下可略见。早材管孔略大至甚大，在肉眼下明显；晚材管孔在放大镜下也明显。导管中侵填体常见有白色沉积物。木材有光泽，有微微皮革味，有油性感，纹理直略交错，结构中至粗、不均匀。耐腐蚀、抗白蚁及海生钻木动物危害，干材尺寸稳定性好。

2. 加工性能

柚木气干密度 0.51 ～ 0.70g/cm³，基本密度 0.47 ～ 0.54 g/cm³，平均密度 0.64g/cm³，中等，干缩率小，全干干缩率与气干干缩率见表 7-4。干燥工艺过程较缓慢，但干燥后质量好，加工性能中等，切削时刀、锯刃口易钝，有夹锯现象，锯面发毛，刨削后刨面光滑，涂饰及胶黏性能良好，握钉力大，在加工时为防止木材开裂，宜先钻孔。木材在使用中受大气湿度的影响小，常用于地暖地板用材。

表 7-4　柚木干缩率

树种	全干干缩率（%）		气干干缩率（%）	
	径向	弦向	径向	弦向
柚木	2.2 ～ 2.9	3.8 ～ 6.2	0.5 ～ 1.3	0.8 ～ 2.5

五、枫木

枫木既有国产材，也有进口材。国产枫木主要分布于东北、华北、长江流域以南直至台湾地区。进口枫木分布于美国东部、俄罗斯的西伯利亚、朝鲜和日本、加拿大。在国内用的最多的是产自北美的糖槭和黑槭，人们称其为"加拿大枫木"。

1. 木材性质

枫木心材、边材区别不明显，心材呈奶白色带微红色、浅红褐色，偶有深褐色；边材呈白色带微红色，生长轮通常略明显，轮间界以黑色的纤维组织带，管孔在放大镜下明显，大小一致，分布均匀。木射线有两种宽度，前者在肉眼下可见，最宽者与最大的管孔等宽，弦切面和径切面上均可见。木材有光泽，无特殊气味，纹理通直，有不规则的卷曲或波状花纹，结构细而匀。

2. 加工性能

木材略重而硬，基本密度 0.56 g/cm³，气干密度 0.50 ～ 0.80 g/cm³，中等，干缩率大，干缩率见表 7-5，干燥过程宜慢。干燥时常遇开裂，但翘曲现象不严重，木材不易锯解、切削，但车旋和钻孔容易，刨切时刨切角以 20° 为宜。刨面光滑，胶接不易，油漆、着色和胶接性能好，握钉力强，不劈裂，广泛用于实木地板与实木复合地板的表板。

表7-5 枫木干缩率

树种	全干干缩率（%）		气干干缩率（%）	
	径向	弦向	径向	弦向
枫木	9.5	4.6	2.8	5.7

六、黑胡桃木

黑胡桃木属优质木材，有进口材，也有国产材。进口的黑胡桃树木分布于欧洲东南部、亚洲东部及南北美洲。国产黑胡桃树木分布于东北、西北、西南等地域。

1. 木材特征

黑胡桃树干通直少节。与北美黑胡桃木相比，国产黑胡桃木色较浅。黑胡桃木属珍贵材，心材边材区分不明显或略明显，心材呈浅褐、茶褐、深巧克力或浅紫褐色。由于色素不均匀沉积，在径切面上常带明显的深色条纹或斑点花纹。边材稍带白色或浅黄褐色，生长轮明显。早材管孔在放大镜下明显，木射线在放大镜下明显，且细。木材光泽弱，无特殊气味，纹理直或有美丽的波浪状花纹，结构较粗。

2. 加工性能

黑胡桃木干缩率小，干缩率见表7-6，气干密度为 0.55g/cm³（北美黑胡桃），木材质量偏轻，干燥缓慢，干燥后品质好，干材尺寸稳定性好，故常用于地热实木地板。黑胡桃木强度中等，但抗劈力大，韧性强，加工性能好，加工后表面光滑，易染色、磨光、涂饰，胶黏性好，故常用作二层、三层、多层实木复合地板的表板。

表7-6 黑胡桃木干缩率

树种	全干干缩率（%）		气干干缩率（%）	
	径向	弦向	径向	弦向
黑胡桃木	5.5	7.8	2.5	3.5

七、印茄木

豆科印茄属本属9种，主要分布于热带非洲东部、马达加斯加和热带亚洲马来西亚、菲律宾、印度尼西亚、越南、泰国、巴布亚新几内亚、斐济、所罗门和萨摩群岛等地区。

1. 木材特征

印茄木心材、边材的材色区分明显，心材呈褐色至暗红褐色，通常具有明显的深浅相同的条纹，管孔肉眼下略明显，心材管孔中含黄色沉积物，木射线在放大镜下可见，稀至中、甚窄至窄，生长轮在放大镜下明显，轮间界以浅色轮界状薄壁组织带。木材有光泽，无特殊气味和滋味，纹理交错，结构均匀。

2. 加工性能

印茄木材基本密度为 0.68g/cm³，气干密度为 0.70 ～ 0.94 g/cm³，干缩率甚小至中等，干缩率见表 7-7。干材尺寸稳定性良好，常用于制作地暖地板用木材，强度高，握钉力大，为防止劈裂，宜先钻孔，耐腐蚀、抗白蚁，不抗菌害。木材干燥性能良好，但干燥速度宜慢。刨锯困难，在加工前注意清除树脂以保持齿刃锋利，宜于旋切。施涂油漆及染色性能良好。

表 7-7 印茄木干缩率

树种	全干干缩率（%）		气干干缩率（%）	
	径向	弦向	径向	弦向
印茄木	2.7	4.6	0.9	1.6
			3.1	4.1

八、香脂木豆

香脂木豆生长迅速，树高可达 15 ～ 20m，主干圆直，树径 50 ～ 80cm，主要分布在南美洲等热带地区。

1. 木材特征

香脂木豆树心材、边材区分明显，心材呈红褐色至紫红褐色，伴有浅色条纹，边材色浅、近白色，生长轮不明显。管孔在肉眼下不明显，散生、数少，有的含有沉积物或树胶，分泌物有药用和香料用的天然树脂 "balsam"。木射线在放大镜下略密、窄，波痕不明显。木材光泽强，略有辛辣气味，又具香气，味微苦，偶有树脂斑痕。纹理常交错，结构甚细至细，均匀。

2. 加工性能

香脂木豆木材基本密度为 0.85 ～ 0.97g/cm³，气干密度为 0.66 ～ 0.95g/cm³，耐腐蚀至甚耐腐蚀，抗白蚁和虫菌害，心材防腐剂浸注困难。由于纹理交错，锯刨加工时较困难，但加工后的切面光滑，涂刷略难，但涂刷效果良好。

该材抗压、抗弯强度高，干缩率中至大，全干干缩率及气干干缩率见表 7-8，干燥宜慢，干燥不当会出现开裂的倾向。

表 7-8 香脂木豆干缩率

树种	全干干缩率（%）		气干干缩率（%）	
	径向	弦向	径向	弦向
香脂木豆	4.0 ～ 4.2	6.5 ～ 6.7	4.0	6.0

九、孪叶苏木

孪叶苏木分布于中美洲、拉丁美洲等地域，向我国输出孪叶苏木材的国家有墨西哥、古巴、苏里南、圭亚那等。

孪叶苏木树高达 30m，甚至有的高达 50m，树径 50～120cm。

1. 木材特征

孪叶苏木心材、边材颜色区分明显，心材新鲜时颜色呈肉红、橘红、橙红色，干燥后呈红褐色，材色诱人，常伴有深褐色细条纹，边材呈乳白色或灰白色，带粉色。生长轮较明显，轮间界为轮状界状薄壁组织。管孔肉眼下可见，甚少略大，散生；导管中含树胶或其他沉积物，木射线在放大镜下可见，略大略宽。木材有光泽、无特殊气味和滋味。纹理通直或交错，略有鹿斑花纹，结构颇细至中，略粗略均匀。

2. 加工性能

孪叶苏木木材基本密度为 0.71～0.82g/cm³，气干密度变化较大，在 0.56～0.98g/cm³ 之间，甚至可达 1.5g/cm³；干缩率甚小，干缩率见表 7-9。木材尺寸稳定性良或中等，干燥颇快，偶而有小的开裂和变形。

表 7-9　孪叶苏木干缩率

树种	全干干缩率（%）		气干干缩率（%）	
	径向	弦向	径向	弦向
孪叶苏木	4.5	8.5	0.9	1.9

木材重而硬，加工锯、刨、削时刃口易钝，刀具宜用合金钢刀具。木材纹理呈交错状时，刨切角宜在 15°～20°，车削、刨削性能良好。握钉力良至中，为防止木材开裂，宜预先钻孔。涂饰、胶黏性能良好。耐腐蚀、抗白蚁能力差。心材防腐剂浸注困难。抗弯、抗压强度高，结构细，材色诱人，常做实木地板与拼花地板。

十、番龙眼

番龙眼在木材市场上被误称为红檀、南美樱木、樱檀，主要分布在东南亚，从斯里兰卡、安达曼，经东南亚新几内亚到萨摩亚群岛。

1. 木材特征

番龙眼树高达 23～45m，树径 60～90cm，心材呈浅红褐色，通常与边材区别不明显，生长轮略明显。木材具光泽，无特殊气味和滋味，纹理直至略交错，结构细而均匀。

2. 加工性能

番龙眼木材气干密度为 0.60～0.74g/cm³，硬度中等。番龙眼干缩性强，气干干缩率与气干密度见表 7-10。木材干燥困难，因干缩率大，存放在大气环境中易开裂和变形，所以应选择干燥周期长的基准。放在大气中干燥，15mm 厚的地板坯料需要 3 个月，40mm 厚的坯料板材需要 5 个月。木材锯刨等加工容易，而且锯解后的板面光滑，胶黏、染色、油漆性能良好。

木材耐腐蚀性能，稍耐腐至耐腐。耐腐处理时，干材浸注性能中等，而心材更难浸注。

表 7-10　番龙眼气干干缩率与气干密度

树种	气干干缩率（%）		气干密度（g/cm³）
	径向	弦向	
番龙眼	3.1	6.1	0.60 ～ 0.74

十一、圆盘豆

圆盘豆是热带林树种，普遍生长于尼日利亚、加纳、刚果、塞拉利昂、喀麦隆、加蓬等国家的热带雨林地区，特别是在尼日利亚、加蓬较多。

1. 木材特征

圆盘豆是大乔木，高可达 55m 以上，直径通常在 1m 以上，主干通直，心材呈金黄褐色至红褐色，心材与边材颜色区分明显，边材呈浅黄色，宽 5 ～ 8cm，生长轮不明显。刚伐的圆盘豆树材具有令人不愉悦的异味，长时间放于大气中异味逐渐消失。干材时无特殊气味和滋味。纹理交错，结构细而均匀。

2. 加工性能

圆盘豆木材气干密度为 0.77 ～ 1.11g/cm³，干缩率甚大，全干干缩率、气干干缩率见表 7-11。木材干燥宜慢，表面和端面干燥时有开裂现象，但翘曲现象不严重，木材锯、刨、削时因纹理交错，不易操作。木材很耐腐，抗蚁蛀和抗海生钻木动物危害，在做防腐处理时，防腐剂浸注困难。木材具有很好的耐候性，耐磨性好，强度高。

表 7-11　圆盘豆干缩率

树种	全干干缩率（%）		气干干缩率（%）	
	径向	弦向	径向	弦向
圆盘豆	4.0 ～ 7.3	7.2 ～ 10.4	3.0	3.5

十二、比蒂山榄

比蒂山榄主要分布于亚洲的南部与东南亚地区，主要包括山榄科的子京属和胶木属，是大乔木。进入木材市场的有马来西亚子京、菲律宾子京、贝特子京等。市场流通中又称其为铁心木。

1. 木材特征

比蒂山榄的心材、边材颜色区分不明显至略明显，心材呈红褐至偏紫或巧克力至红褐色，边材呈黄褐至紫灰褐色，生长轮不明显或明显（轮间界以深色带），管孔肉眼下略见，少至略少，大小中等。心材导管中含有黄色沉积物与侵填体。木射线在放大镜下才可见，略密、但窄。木材有光泽，无特殊气味，味略苦，纹理直略交错，在径切板上可见美观的带状花纹，结构略细且均匀。

2. 加工性能

比蒂山榄木材基本密度为 $0.92g/cm^3$，气干密度为 $0.82 \sim 0.92g/cm^3$，干缩率小至中，全干干缩率、气干干缩率见表7-12，强度中至高，抗弯强度为 $97.1 \sim 117.0MPa$，顺纹抗压强度为 $46.7 \sim 90.3MPa$。在人工干燥时，干燥宜慢，干燥时会稍有端裂、劈裂及面裂，锯削与刨削加工时略难，特别是纵向锯刨比横向锯刨更难，刨切后的表面光滑，握钉性较差，很耐腐蚀，但心材浸注防腐剂较难。

表7-12　比蒂山榄干缩率

树种	全干干缩率（%）		气干干缩率（%）	
	径向	弦向	径向	弦向
比蒂山榄	$3.9 \sim 6.8$	$7.3 \sim 9.6$	2.8	4.0

十三、榉木

榉木既有进口榉木，也有国产榉木。国产榉木树分布在陕西、淮河流域、长江流域中下游、华中华南等地区。进口榉木材主要分布在欧洲中部和英国、亚洲西部、日本、美国、加拿大等国家和地区。该地区的榉木在市场中被相应地称为欧洲榉木、日本榉木和美国榉木等，都为大乔木，树高可达25m。

1. 木材特征

榉木的心材、边材区分明显，心材呈浅褐色带黄，边材呈黄褐色，生长轮明显。早材管孔在肉眼下不明显，连续排列成早材带，导管中常含侵填体，早材至晚材急变。晚材管孔一部分在肉眼下略见，甚小至略小簇集，呈连续或不连续的波浪形排列。木射线在肉眼下可见稀至中，甚细至略宽。木材纹理直，光泽强，无特殊气味和滋味。结构中等，不均匀，花纹美丽，是装饰良材。

2. 加工性能

榉木基本密度为 $0.67g/cm^3$，气干密度为 $0.78g/cm^3$，木材干缩率大，全干干缩率与气干干缩率见表7-13。

表 7-13　榉木干缩率

树种	全干干缩率（%）		气干干缩率（%）	
	径向	弦向	径向	弦向
榉木	5.9	9.8	3.5	5.9

进口榉木材中美国榉木与欧洲榉木的力学性能相当，日本榉木的力学性能比美国榉木与欧洲榉木稍差。美国榉木、欧洲榉木和日本榉木的锯、刨、削加工性能相似，加工后切面皆光滑，耐腐蚀性中等，干燥较困难，容易开裂和翘曲。

十四、蚁木

蚁木本属约 100 种，主要分布于南美洲、巴西、苏里南、墨西哥、委内瑞拉等热带国家。蚁木属于中至大乔木，树高可达 12 ～ 27m，其树干形状常不规则。蚁木在我国主要进口木材标准中分为重蚁木和蚁木两大类，两者最大的区别是重蚁木气干密度高于蚁木气干密度。

1. 木材特征

蚁木的心材、边材颜色区分不明显，心材呈浅褐色、灰褐色、红褐色至金黄色或橄榄色，有的还带有奶白或黄白等不同色调，或伴有深红褐色、紫褐色条纹；边材色浅，新切面呈浅白或黄白色，生长轮明显。管孔在放大镜下明显，略小、数少、散生。木射线在放大镜下可见，略密且窄。木材光泽弱至中等，干材无特殊气味和滋味，有油性感，纹理通直至鹿斑状，结构中至略粗。

2. 加工性能

蚁木木材基本密度为 0.52 ～ 0.57g/cm³，气干密度范围较大，为 0.56 ～ 0.66g/cm³，甚至高达 0.72g/cm³，全干干缩率见表 7-14，干燥容易，速度不宜太快，快时容易出现开裂和变形。干燥后尺寸稳定性良好，力学强度中等至高，刨削和锯削在生材时困难、干材后容易，但需要注意的是，切削时损伤木纹将会形成表面小块破损、掉落或开裂，加工刀具宜用合金钢锯片，握钉力良好。为防止木材开裂，钉钉子前宜先钻孔。施切性能好，刨切后刨面光滑，涂饰和胶黏性能良好。木材不耐腐蚀至略耐腐蚀，心材防腐剂浸注困难，宜采用真空加压或浸渍法。木材不抗白蚁。

表 7-14　蚁木全干干缩率

树种	全干干缩率（%）	
	径向	弦向
蚁木	3.1 ～ 4.0 或至 5.0	5.1 ～ 6.5 或至 8.0

十五、四籽木

四籽木本属 3 种，分布于马来西亚、印度尼西亚等地区，大乔木，树高 40m，树干通直，树径可达 70 ～ 120cm。

1. 木材特征

四籽木的心材、边材颜色在生材时区分不明显，干燥后区分较明显，心材呈草黄色至浅褐色，常伴有橘红褐色斑，边材呈浅干草黄色或浅黄色，生长轮通常不明显。管孔在肉眼下略见，少至略少、略大，径列。导管中含有红色树胶状物质和白色沉积物，木射线在放大镜下略明显，呈稀、略宽。

木材无光泽，生材有异味，干燥后异味消失，有蜡质感，纹理直或略斜，在径切板上有两种类型的木射线花纹，结构细至中且均匀。

2. 加工性能

四籽木木材基本密度为 0.61 ～ 0.63g/cm³，气干密度为 0.79g/cm³，四籽木的全干干缩率、气干干缩率见表 7-15。干燥容易，如果干燥工艺恰当，认真操作，则不会产生劈裂或其他缺陷。力学强度中至高，锯、刨加工颇易，加工后的切面光滑。用腻子或其他颜色填充剂填后，再经过涂饰，效果良好，但钉钉子时宜先钻孔，以避免出现劈裂现象，略耐腐蚀，抗白蚁。心材防腐剂浸注性中等。

表 7-15　四籽木干缩率

树种	全干干缩率（%）		气干干缩率（%）	
	径向	弦向	径向	弦向
四籽木	6.1 ～ 6.5	9.1 ～ 10.7	3.2	4.5

十六、白娑罗双木

白娑罗双木属大乔木，有 167 种，资源丰富，是最大和最重要的大属之一。该树种众多，不仅有进口材，也有国产材。在我国主要分布于云南省。进口白娑罗双木约有 19 种，主要分布于东南亚等地区，如印度尼西亚、菲律宾、马来西亚等国家。树高达 50 ～ 67m，树径达 100 ～ 150cm。

1. 木材特征

白娑罗双木的心材、边材色泽通常区别明显，刚伐的白娑罗双木心材是白色的，存放久时转呈浅黄褐色至黄褐色，带有较深色的带状条纹，边材通常不见。生长轮不明显，管孔在肉眼下能见，略少至少，略大至中，大小颇一致，分布均习。导管中侵填体可见，树胶未见。木射线肉眼下不见，借助于放大镜略见稀至中，略宽至甚窄。木材略有光泽，无特殊气味和滋味，纹理常交错，结构略粗且均匀，天然缺陷是脆心。

2.加工性能

白娑罗双木材基本密度为 0.58g/cm³，气干密度为 0.69g/cm³，气干干缩率见表 7-16，干缩率小，干燥容易，干燥时很少出现干燥缺陷，偶尔出现劈裂、端裂、变色现象，锯、刨、削加工不难，但刀刃易钝，加工后的表面较光滑；木材略耐腐蚀、易遭白蚁和菌虫侵害，心材防腐剂浸注极难。

表 7-16　白娑罗双木干缩率

树种	气干干缩率（%）	
	径向	弦向
白娑罗双木	0.6～1.8	1.7～3.9

十七、白蜡木

白蜡木约有 70 种，大乔木既有国产树木，又有进口树木，国产白蜡木树分布于黄河流域、长江流域及闽、陕、辽等省区，进口白蜡木树主要分布于北温带地区、北美洲及欧洲。我国进口的欧洲白蜡木树高达 25～30m，树径约 60～150cm。

1.木材特征

白蜡木的心材、边材颜色区分不明显，木材新鲜时呈白色或浅褐色，存放久后由白色转呈粉红色，树心部位偶有不规则的深褐色、黑色（非腐朽），生长轮明显。早材管孔在肉眼下明显至中明显，略小至甚小，数目略少。木射线在肉眼下可见，稀至中，极细至略细。木材纹理直，结构粗，不均匀，具有光泽，无特殊气味。

2.加工性能

白蜡木材木材密度随生长环境变化而变化，气干密度为 0.51～0.83g/cm³，平均密度为 0.69g/cm³，木材干缩率大至甚大，气干干缩率与气干膨胀率见表 7-17，干燥颇快，因干缩大，在干燥操作工艺中稍不留意就会造成开裂和劈裂等干燥缺陷，甚至会造成板面翘曲，但干燥后的木材尺寸稳定性中等。锯、刨、削加工容易，刨削后表面光滑，抛光性能良好，涂饰、着色、胶黏效果良好。握钉力良好，但钉入钉子或拧入螺丝钉时，为避免开裂，宜预先钻孔。不耐腐蚀，心材浸注防腐剂时略难。

表 7-17　白蜡木的气干干缩率与气干膨胀率

树种	气干干缩率（%）		气干材膨胀率（%）	
	径向	弦向	径向	弦向
白蜡木	4.5	7.0	1.5	2.5

十八、亚花梨木

亚花梨系紫檀属内非红木范畴的亚花梨类树种，中文名称为安哥拉紫檀、变色紫檀、非洲紫檀，分布于热带非洲。亚花梨系中至大乔木，树高可达 15～30m，树径达 60～100cm。

1. 木材特征

亚花梨的木心材、边材区分明显。心材材色变化大，通常为鲜橘红色、砖红或紫红色，长时间存放后转深黄褐色或黑褐色，常带深色条纹。边材呈浅黄褐色。生长轮颇明显。管孔在肉眼下明显或可见，略大、甚少至略少，在生长轮内较大、明显。木射线在放大镜下明显可见，纹理直至交错。木材有光泽，香气微弱、无滋味，结构粗但略均匀。

2. 加工性能

亚花梨木木材气干密度为 0.77g/cm³（0.64～0.80 g/cm³），干缩率甚小，全干干缩率与气干干缩率见表7-18。干燥基准宜选慢些，在干燥过程中出现干燥缺陷极微，干燥后尺寸稳定性良。刨削、锯削等加工容易，但当木材纹理不规则或交错时加工略难，遇有交错纹理时刨切角宜为30°，抛光性良，涂饰性良，握钉力良，强度中等，甚耐腐蚀，略抗白蚁。心材浸注防腐剂略难。

表 7-18　亚花梨木的全干、气干干缩率与干材膨胀率

树种	全干干缩率（%）		气干干缩率（%）		干材膨胀率（%）	
	径向	弦向	径向	弦向	径向	弦向
亚花梨木	3.3	5.2	1.0	1.5	0.5	0.6

十九、花梨木

花梨木是紫檀属，紫檀属有紫檀、花梨和亚花梨三类，按照《红木》（GB/T 18107—2017），只有前两类属红木范畴。花梨分布在热带地区，在我国主要分布于粤与琼两大地区，进口花梨木分布在东南亚地区的缅甸、泰国、老挝等国家，以及热带非洲地区，系中至大乔木。

1. 木材特征

花梨木的心材、边材区分明显。心材主要呈浅红褐、红褐色至紫红褐色，常伴有深色条纹，锯、刨、削中产生的刨花和木屑放入水中浸泡时液体通常有荧光显现，但有的荧光微弱，或较长时间才能显现。边材色浅，主要呈黄白色，生长轮通常明显。管孔肉眼下可见或略明显，生长轮开始部分较大，向外逐渐减小。导管中含有深色树胶或沉积物，木射线在放大镜下可见。木材具有光泽，辛辣味浓郁或微弱，往往在锯刨该材时气味更浓，无特殊滋味。木材纹理交错或直，结构中等。

花梨木虽然是同一树种，但心材的颜色差别很大。一类呈黄褐色，另一类呈红色，

其材色不同是由产地环境不同、生长条件不同所致。

2. 加工性能

花梨木木材重而硬，气干密度为 0.76 ～ 1.01g/cm³，强度高低各异，常因木材密度高低和材色深浅的变化而变化，干缩率中至小，全干干缩率见表 7-19。干燥性能良好，干燥基准宜选周期长的缓慢干燥，在干燥中有轻微的开裂，可采用先大气干燥预处理或将树木剥皮，待树皮枯萎后再进行采伐，可避免木材在人工干燥中出现开裂现象。干燥后尺寸稳定性良好。

花梨木纹理通常是交错的，因此刨削较困难，但加工后的表面纹理美观悦目，涂饰效果良好，常用作高档实木地板材料。

表 7-19 花梨木全干干缩率

树种	全干干缩率（%）	
	径向	弦向
花梨木	1.0	1.3

二十、筒状非洲楝

筒状非洲楝本属 9 种，有筒状非洲楝、大非洲楝和良木非洲楝，木地板采用筒状非洲楝居多。筒状非洲楝俗称沙比利，产于加纳、尼日利亚、刚果、安哥拉等西非、中非、东非地区。筒状非洲楝系大乔木，树高约 45m，树径达 100cm，树干通直。

1. 木材特征

筒状非洲楝的心材、边材颜色区分明显，心材新鲜时呈粉红色，存放之后呈红褐色，边材呈浅黄色，生长轮不明显。管孔肉眼下可见，大小为中，略少，散生。

木射线在放大镜下明显略密，甚窄至窄。木材有光泽，新切面带有松柏香味，无特殊滋味，结构很细，纹理交错，有时有皱状纹理，从而在径切面的板面上显示出窄而规则的鱼子酱图案。

2. 加工性能

筒状非洲楝木材基本密度为 0.56g/cm³，气干密度为 0.61 ～ 0.67g/cm³，干缩率甚大，气干干缩率与干材膨胀率见表 7-20。木材经过人工干燥后，干材尺寸稳定性中至良，干燥时不宜速度过快，速度快时会出现开裂和变形缺陷。该材锯削、刨削容易，胶黏性良好，涂饰性良好，强度高。木材耐腐蚀，抗白蚁性强，但不抗虫害，心材浸注防腐剂困难。

表 7-20 筒状非洲楝干缩率与膨胀率

树种	气干干缩率（%）		干材膨胀率（%）	
	径向	弦向	径向	弦向
筒状非洲楝	4.6	7.4	1.2	1.6

第三篇
实木地板生产

第八章　实木地板坯料干燥

第一节　概述

一、坯料干燥

地板坯料是由木材加工而成的，木材中含有的水分因树木被砍伐季节和树种的不同而不同。为了使实木地板达到国家标准并延长使用寿命，必须将木材（地板坯料）中含有的水分降低到与当地平衡含水率一致。

为了降低木材的含水率，必须提高木材的温度，减少木材中的水分含量，在一定流速的空气带动下，使水分迅速离开木材，达到干燥的效果。为了避免被干燥的地板坯料在干燥过程中出现开裂、翘曲等缺陷，必须控制干燥介质的湿度，达到既快速又保证干燥质量的效果。这个过程称为木材干燥，也就是地板坯料干燥。

二、地板坯料干燥的作用

地板坯料经过干燥处理后可以提高实木地板的性能。

（一）提高实木地板尺寸稳定性

当周围环境的干、湿度发生变化时，木材会吸收水分或释放水分，使加工成的实木地板干缩或湿胀，引起尺寸变化，导致铺装的实木地板产生缝隙增大、开裂或拱起等不良现象。为此，地板坯料必须进行干燥处理，才能保证实木地板尺寸稳定。

（二）提高实木地板强度以及改善机加工性能和涂饰性能

当地板坯料含水率低于纤维饱和点时，坯料的强度将随着含水率的降低而提高，经过干燥的地板坯料既提高实木地板的强度，又改善实木地板坯料在机加工时锯、刨、铣的性能，更能增强涂饰的效果。

（三）提高实木地板坯料抗腐蚀性能

湿的地板坯料若不经干燥处理堆放在仓库或经长途运输，容易出现腐朽或真菌等侵蚀。实践证明，当木材含水率≤20%时，可大大降低真菌侵蚀，所以实木地板的含水率要达到6%～15%，这样既可保证加工成的实木地板尺寸稳定，又能提高实木地板坯料的抗腐蚀性能。

（四）减轻地板坯料的自重

新砍伐的木材含水率很高，有时甚至超过树干本身的自重，经过短期的存放，自然通风干燥，虽然能降低含水率，但还是不符合要求。只有经过干燥后，木材含水率才能达到 6% ～ 15%，木材质量可减轻 30% ～ 50%，从而减轻运输过程中的载重量。

综上所述，在实木地板制作过程中，地板坯料的干燥处理是木材加工生产中不可缺少的一环。

三、干燥的基本概念

（一）地板坯料干燥的基本原理

地板坯料干燥就是通过不同的干燥方法排除坯料中的自由水和吸着水，使坯料中的水分降低到指定的含量。

地板坯料的干燥方法有很多种，但基本原理是一致的，即利用地板坯料含水率梯度，以及地板坯料在干燥窑中受高温加热后形成地板坯料内部压力大、外部压力小的压力差，促使水分以液态和气态两种形式连续不断地从内部自由移动到地板坯料的表面，然后又向空气蒸发，逐渐使地板坯料干燥。

（二）干燥介质

地板坯料的干燥过程实质上是典型的传热传质过程。要使地板坯料干燥，既需要将热量传给地板坯料，又需要将地板坯料中蒸发出来的水分带走。要达到这个目的，必须借助一种既能传热又能传质的物质。在干燥过程中，能在干燥窑内不断循环流动，经过加热器表面时能吸收加热器表面热能，经过地板坯料表面时又能把热能传给地板坯料，同时还能吸收地板坯料表面蒸发出来的水分，并把此水分输送到别处的媒介物质，称为干燥介质。

干燥介质可分为气体、液体。在过热蒸汽中干燥时，干燥介质为过热蒸汽；在炉气中直接加热干燥时，干燥介质为炉气；在疏水性液体中干燥，干燥介质为疏水性液体；在地板坯料干燥中，干燥介质通常为湿空气。

四、干湿球温度计

地板坯料的干燥是在干燥窑中进行的。根据特定的干燥基准，通过调节控制干燥介质的温度、相对湿度和气流速度，使其与被干燥的地板坯料含水率及应力变化相符合，保障地板坯料干燥的质量。

为此，在地板坯料干燥过程中，需要掌握干燥性能，随时测定地板坯料的含水率和干燥介质温度、湿度，将干燥应力控制在允许范围内，减少或避免干燥缺陷。

测定室内气体相对湿度的仪表有露点温度计、氯化锂电阻湿度计、干湿球温度计等，在地板坯料干燥技术中应用最多的为干湿球温度计。

干湿球温度计由两支相同的温度计组成。其中一支温度计的水银球外面包着纱布，纱布的下部浸在水中使纱布保持潮湿，这支温度计称为湿球温度计；而未包纱布的另一支温度计称为干球温度计。湿球温度计的纱布在水分蒸发时吸收汽化潜热，使湿球温度计的读数比干球温度计低，两支温度计的差值叫干湿球温度差，或湿球温度降。

第二节　木材干燥及干燥基准

一、木材干燥

影响实木地板品质因素是材料的加工和处理。其中最主要的是需要采用合理的干燥基准和方法来干燥地板坯料。地板坯料材种不同，性能也不同，因此不恰当的干燥方法将导致地板坯料产生翘曲、开裂等缺陷。

木材干燥分为天然干燥和人工干燥两大类。

（一）天然干燥

天然干燥亦称气干，是利用空气对流使木材中的水分逐步蒸发。

天然干燥的优点：不需要固定建筑物，如干燥室；不需要产生蒸汽的热源与电源；工艺操作简单，易于实施；干燥成本低。

天然干燥的缺点：干燥程度受木材平衡含水率限制，一般只能干燥到 10% ～ 20% 的含水率；所需场地大，干燥周期长；干燥期间易虫蛀、腐朽，致使木材品质降低等。

（二）人工干燥

人工干燥有窑（室）干燥、除湿干燥、红外线干燥、太阳能干燥、溶剂干燥、真空干燥、化学干燥、高频干燥、微波干燥等方法。

实木地板坯料干燥普遍采用干燥窑干燥。

人工干燥的优点：干燥时间短；资金周转快，干燥质量有保证。

人工干燥的缺点：成本高；技术要求比较高，难掌握。

窑（室）干法是指在特殊的建筑物或金属容器内，人为地控制干燥介质的温度、湿度及气流速度，利用气体介质的对流传热，对木材进行干燥处理。

以湿空气为介质的窑（室）干法称为空气干燥法，由于干燥介质的加热是用加热器来实施，载热体为蒸汽，业内又称其为蒸汽干燥。

蒸汽干燥工作原理：以湿空气为干燥介质，利用干燥窑（室）内的风机驱动湿空气运行通过加热器，吸收加热器内流动的水蒸气含有热能，使湿空气加热。在一定流速下流经地板坯料堆，将热能传给地板坯料，湿的地板坯料受热后，表层水分逐渐汽化，通过出口排出。

地板坯料堆含水率分布外低内高，通过含水率梯度和水蒸气气压不均匀分布，使水分在地板坯料中以液态和气态相互交替，逐步向外排出。

要在最短的时间内使地板坯料干燥且出现缺陷，就得研制适合不同材种的干燥基准，有效控制各个阶段的温度、相对湿度，力求达到干燥时间短、干燥缺陷少、干燥质量优的效果。

二、干燥基准

干燥基准就是在干燥过程中，按照不同的干燥阶段，调节干燥窑（室）内介质的温度、湿度参数值。

干燥窑（室）内干燥介质温度和湿度变化的参数值和顺序是操作工在干燥地板坯料操作时的依据。

（一）干燥基准分类

目前地板生产企业使用的干燥基准有三大类：

1.时间干燥基准

根据被干木材的干燥时间划分阶段来调节干燥介质的温度和湿度的基准，叫作时间干燥基准。它用于有干燥先例的材种，根据需要的总干燥时间及每一个阶段的干燥时间来调节温度和湿度。该基准使用方便，工作人员容易操作。

2.含水率干燥基准

在干燥过程中根据被干地板坯料含水率的变化划分阶段来调节干燥介质温度和湿度的基准，叫作含水率基准。

采用这种基准时，必须制作含水率检验表，定期检测含水率的变化，以便进行调整。该基准从理论分析上是比较精确的。它适合新材种的地板坯料，但是在操作时必须制作检验板，每天每个班必须测定含水率，操作比较麻烦，所以有的生产企业采用时间干燥基准和含水率干燥基准相结合的干燥基准。这种基准从形式上看是含水率干燥基准，实际上是调整干燥各阶段的时间来控制。

3.高温干燥基准

高温干燥基准是干球温度在100℃以上时进行的操作，这种干燥基准只适用于材质偏软的木材，例如用于针叶材的木龙骨。由于干球温度在100℃以上时须通过控制湿球温度来防止木材发生开裂，因此操作时难以保证木材的质量。

高温干燥基准在整个干燥期间采用干球温度分阶段升高的方法进行操作，操作时阶段温度差宜保持在10℃以内。

（二）编制地板坯料干燥基准

编制地板坯料干燥基准的步骤如下：

（1）了解干燥窑（室）的各项性能、供热条件、介质循环速度等情况。

（2）了解被干地板坯料的材性，参考与其材性相似的木材已有的干燥基准，拟订一个初步基准草案。

（3）按照初步干燥基准进行小量试验，详细记录每个阶段中测得的分压含水率、内应力变化情况、干燥过程中出现的缺陷、干燥后的各项技术指标等，作为修改基准时的参考资料。

（4）小量试验获得满意效果后，可进行一两次生产性试验，同时详细记录试验各项参数、性能指标，以便能正确地修改干燥基准。

（5）生产试验成功获得满意的效果后，则可确定该地板坯料材种的干燥基准，并在今后生产实践中不断总结与改进。

（三）窑干工艺常用的干燥基准

我国大中型实木地板企业广泛采用周期式强制循环蒸汽干燥窑。在生产干燥中，业内人士把以湿空气为介质的干燥基准称为常用干燥基准。

我国和英、美国家经过多年的研制和生产实践制定的干燥基准见表8-1～表8-5。

表8-1　国产材常用干燥基准

含水率（%）	温度（℃）	自然循环		强制循环		延续期（h）
		湿球温度差（℃）	空气湿度（%）	湿球温度差（℃）	空气湿度（%）	
基准1						
40以上	80	6	77	3.5	86	—
40～35	82	7	74	5	80	4
35～30	84	8.5	68	6.5	75	5
30～25	85	10	64	8	70	6
25～20	87	12	59	11	63	7
20～15	89	14	53	13	53	8
15～10	91	20	43	20	43	12
10以下	94	27	31	27	31	—
基准2						
40以上	74	5.5	77	3.5	85	—
40～35	76	7	72	5	80	6
35～30	77	8	66	6	75	7
30～25	79	10	63	8	69	8
25～20	81	12	58	11	61	10
20～15	83	15	51	15	51	13

含水率 (%)	温度 (℃)	自然循环		强制循环		延续期 (h)
		湿球温度差（℃）	空气湿度 (%)	湿球温度差（℃）	空气湿度 (%)	
15～10	85	20	40	20	40	18
10 以下	87	26	30	26	30	—
基准 3						
40 以上	—	69	55	7.7	35	8.5
40～35	71	6.5	72	4.5	81	9
35～30	73	8	67	6	76	10
30～25	75	9.5	63	8	69	11
25～20	77	12	57	11	61	13
20～15	79	14	51	14	53	17
15～10	81	19	40	19	41	24
10 以下	83	25	30	25	30	—
基准 4						
40 以上	66	5	77	3	86	—
40～35	68	6	73	4	82	10
35～30	70	7.5	68	5.5	76	12
30～25	72	9	63	7.5	70	13
25～20	74	11	57	11	62	17
20～15	76	14	50	14	52	22
15～10	78	18	41	18	42	30
10 以下	80	24	30	24	31	—
基准 5						
40 以上	63	5	77	3	86	—
40～35	55	6	73	4	82	12
35～30	67	7.5	68	5.5	76	14
30～25	69	9	63	7.5	70	16
25～20	71	11	57	10	62	20
20～15	73	13	51	13	53	26
15～10	75	18	40	18	42	30

含水率 (%)	温度 (℃)	自然循环		强制循环		延续期 (h)
		湿球温度差（℃）	空气湿度 (%)	湿球温度差（℃）	空气湿度 (%)	
10 以下	78	23	30	23	31	—

基准 6

含水率 (%)	温度 (℃)	自然循环		强制循环		延续期 (h)
40 以上	59	4.5	77	3	85	—
40～35	61	5.5	73	4	82	17
35～30	63	7	69	5	76	19
30～25	65	8.5	63	7	70	21
25～20	67	10	58	9.5	62	27
20～15	69	13	50	13	53	31
15～10	72	17	40	17	42	48
10 以下	74	23	30	23	31	—

基准 7

含水率 (%)	温度 (℃)	自然循环		强制循环		延续期 (h)
40 以上	56	4.5	77	3	85	—
40～35	58	5	74	3.5	83	19
35～30	60	6.5	69	5	77	24
30～25	62	8	64	6.5	72	26
25～20	64	9.5	60	9	63	34
20～15	67	12	52	12	52	41
15～10	69	16	41	16	41	60
10 以下	71	22	30	22	30	—

表 8-2　英国材干燥基准

木材湿度 (%)	温度（℃）		相对湿度 (%)	木材湿度 (%)	温度（℃）		相对湿度 (%)	木材湿度 (%)	温度（℃）		相对湿度 (%)	木材湿度 (%)	温度（℃）		相对湿度 (%)
	干球	湿球			干球	湿球			干球	湿球			干球	湿球	
基准 A				基准 B				基准 C				基准 D			
生材	35	30.5	70	生材	40	37.5	85	生材	40	37.5	85	生材	40	37.5	85
60	35	28.5	60	40	40	36.5	80	60	40	36.5	80	60	40	36.5	80
40	40	31	50	30	45	40.5	75	40	45	40.5	75	40	40	35	70
30	45	32.5	40	25	50	44	70	35	45	39.5	70	35	45	37.5	60
20	50	35	35	20	55	46	60	30	45	38.5	65	30	45	35	50
15	60	40.5	30	15	60	47.5	50	25	50	42	60	25	50	36.5	40

续表

木材湿度(%)	温度(℃)干球	温度(℃)湿球	相对湿度(%)	木材湿度(%)	温度(℃)干球	温度(℃)湿球	相对湿度(%)	木材湿度(%)	温度(℃)干球	温度(℃)湿球	相对湿度(%)	木材湿度(%)	温度(℃)干球	温度(℃)湿球	相对湿度(%)
—	—	—	—	—	—	—	—	20	60	47.5	50	20	60	40.5	30
—	—	—	—	—	—	—	—	15	65	48.5	40	15	65	44	30
基准 E				基准 F				基准 G				基准 H			
生材	50	47	85	生材	50	45	75	生材	50	47	85	生材	60	55.5	80
60	50	46	80	60	50	44	70	60	50	46.7	80	50	60	54.5	70
40	50	45	75	40	50	42	60	40	55	51	80	40	60	52	65
30	55	47.5	65	30	55	43.5	50	30	60	54.5	75	30	65	53.5	55
25	60	49	55	25	60	46	45	25	70	62.5	70	20	75	57.5	40
20	70	54.5	45	20	70	52.5	40	20	75	62.5	55	—	—	—	—
15	75	57.5	40	15	75	57.5	40	15	80	61	40	—	—	—	—

注：适用地板坯料厚度为 25～38mm。

表 8-3　美国材干燥基准（针、阔叶材通用）

含水率(%)	干球温度（℃）													
	T_1	T_2	T_3	T_4	T_5	T_6	T_7	T_8	T_9	T_{10}	T_{11}	T_{12}	T_{13}	T_{14}
初～30	40	40	45	45	50	50	55	55	60	60	65	70	75	80
30～25	40	45	50	50	55	55	60	60	65	65	70	75	80	90
25～20	40	50	55	55	60	60	65	65	70	70	70	75	80	90
20～15	45	55	60	60	65	65	70	70	75	75	80	90	95	
15～终	50	65	70	80	70	80	70	80	70	80	80	80	90	95

注：适用板材厚度为 27mm。

表 8-4　美国阔叶材湿度基准

序号	初含水率类和阶段（%）						
	A	B	C	D	E	F	G
	<40	40～60	60～80	80～100	100～120	120～140	>140
1	初～30	初～35	初～40	初～50	初～60	初～70	初～$\frac{2}{3}\mu_a$
2	30～25	35～30	40～35	50～40	60～50	70～60	$\frac{2}{3}\mu_a$～$\frac{2}{3}\mu_a$～10
3	25～20	30～25	35～30	40～35	50～40	60～50	$\frac{2}{3}\mu_a$～10～$\frac{2}{3}\mu_a$～20
4	20～15	25～20	30～25	35～30	40～35	50～40	$\frac{2}{3}\mu_a$～10～$\frac{2}{3}\mu_a$～30
5	15～10	20～15	25～20	30～25	35～30	40～35	$\frac{2}{3}\mu_a$～20～$\frac{2}{3}\mu_a$～40

续表

序号	初含水率类和阶段（%）						
	A	B	C	D	E	F	G
	< 40	40～60	60～80	80～100	100～120	120～140	> 140
6	10～终	15～终	20～终	25～终	30～终	35～终	$\frac{2}{3}\mu_a$～40～终

注：μ_a 为初含水率；板厚27mm；材间风速 1～2zm/s。

表8-5　美国阔叶材干湿球温度类别和数值

序号	干湿球温度类别和数值（℃）							
	1	2	3	4	5	6	7	8
1	1.5	2	3	4	5.5	8.5	11	14
2	2	3	4	5.5	8	11	17	20
3	3.5	4.5	6	8.5	11	17	22	28
4	5.5	8	11	14	20	28	28	28
5	14	17	20	22	28	28	28	28
6	28	28	28	28	28	28	28	28

注：干湿球温差已将原华氏度换成摄氏度，精确到0.5℃。

第三节　地板坯料干燥工艺

一、地板坯料干燥工艺

（一）地板坯料干燥前准备

1. 检查设备

干燥过程开始前应对干燥设备（大门严密性、加热器有无漏水、风机运行情况、湿球温度计等）进行检查，保持良好状态。

2. 堆积坯料

堆积地板坯料的原则是：同树种、同规格，含水率相近；用隔条隔开，隔条放置应上下垂直；应在堆顶压放重物。

3. 选定干燥基准

干燥基准是干燥工艺中保证地板坯料干燥质量的主要因素，虽然我国尚无统一的干燥基准，但可参考常规干燥基准进行试验修改。

4. 制作试验板

为了调节干燥过程地板坯料中的含水率和内应力达到干燥质量，需要制作 3 ～ 5 块试验板。

5. 干燥过程进行

干燥过程通常分为预热、干燥、终了、冷却四个阶段，详见本节"（二）干燥过程进行"。

6. 干燥质量检验

地板质量检验指标主要有平均含水率、最终含水均匀度、木材厚度含水率落差及木材可见缺陷。

木材厚度含水率落差是指地板坯料厚度上表层含水率与中心层含水率之间的差异。

（二）干燥过程进行

干燥过程主要是温度和湿度的调节，因此业内也称为热湿处理，有以下四个阶段。

1. 预热处理

预热处理的目的是加速木材预热，地板坯料进入干燥窑后必须进行喷蒸处理，使实木地板在还没有蒸发水分之前进行预热。

2. 干燥阶段

预热处理后，窑内温、湿度应按材种的干燥基准调节和控制，基准阶段转换时应缓慢调节。当地板坯料的平均含水率达到 20% 或发现个别板面有开裂危险时，可检查检验板来确定调节温、湿度。

3. 终了阶段

当地板坯料达到要求的含水率时，为了消除地板坯料中存在的残余应力，必须进行喷蒸处理，要求干球的温度比干燥阶段最后温度高 10℃，且不能超过 100℃，干、湿球温度差为 0℃。

4. 冷却阶段

冷却阶段也称平衡处理，目的是平衡整个坯料堆及坯料厚度上含水率落差。

在终了阶段结束后，由于地板坯料堆温度还很高，和窑外的温度差异很大，应冷却到适宜的温度，通常窑内外温差小于 20℃时方可出窑，以防出窑后坯料板面开裂。

二、地板坯料养生

（一）概述

地板坯料在干燥窑内经过制定的干燥基准干燥后，又经过窑内的终了阶段，此时的地板坯料含水率分布沿宽度方向、厚度方向基本已趋于均衡，但是坯料的内部应力没有全部释放出来，还留有大小不等的残余应力。若残余应力留存在地板内部，将会导致地板铺装后表面出现如下情况：

（1）地板出厂检验合格，但铺装后地板板面出现隐裂。

（2）铺装后地板端头出现端裂。

（3）铺装后地板表面的漆膜出现皱皮。

上述三种不良现象中，第一种现象居多，为此，地板坯料在干燥处理后必须进行坯料养生处理，但是有的地板生产企业为了缩短生产周期，养生处理时间短，达不到养生效果，导致地板铺装后仍会出现上述不良现象。

养生的含义就是在地板坯料经人工干燥后，将其置于室内温度和湿度中存放一定的时间，让残余应力在干燥处理中释放出来，这样的过程称为养生期。在此期间所耗费的时间称为养生时间。养生时间视材种与厚度不同而有所差异。

通常密度大、材质硬的坯料养生期较长。

（二）养生周期的确定

养生周期的长短与材种、厚度、干燥均匀性等因素有关，因此企业需要通过长期经验总结，对不同材种试验来确定方法，具体内容为：

（1）取三四块坯料做试验板。

（2）在试验板的宽度方向上取三个点，分别是两端点和中心点，取点的位置是离端头 5cm 处。

（3）分别在样板的三个点，用彩色笔画三条平行线。

（4）在养生计算开始前，用钢板尺量出每条线的宽度，并记录在表 8-6 中。

表 8-6　地板坯料养生周期测量记录表

序号	日期	时间	天气			室内环境		坯料含水率	养生前						养生开始						备注
			晴	阴	雨	温度	湿度		端头(mm)		中间(mm)		端尾(mm)		端头(mm)		中间(mm)		端尾(mm)		
									宽	厚	宽	厚	宽	厚	宽	厚	宽	厚	宽	厚	

（5）进入养生周期，每天开始测三条线，宽度的值记录在表 8-6 中。

（6）当坯料宽度尺寸与厚度尺寸连续两天测得的数值相同时，说明该坯料残余应力已释放完。

（7）养生时间的确定。从养生之日开始到坯料尺寸不变之日的天数，即为养生时间。

（三）进口材地板坯料养生周期参考值

养生存放的时间与树种、厚度、干燥基准的控制、冷却处理等因素有关，因此没有相应的固定值，应将实际检测坯料试验板的尺寸稳定性和经验相结合来确定养生的时间。通常材质硬、密度大或分泌物多的材种养生周期宜长些，如坤甸铁樟、巴福芸香、水青冈等材种养生的时间长，约为30d。

进口材地板坯料养生周期参考值见表8-7。

表8-7　进口材地板料养生周期参考值

材种名	养生期（d）	材种名	养生期（d）
甘巴豆	5～15	花梨	5～10
蚁木	5～15	水青冈	8～30
硬槭木	8～15	坤甸铁樟	8～30
印茄	5～6	圆盘豆	8～15
摘亚木	5～10	绿柄桑	8～15
古夷苏木	5～10	蒜固木	5～10
龙脑香	5～10	巴福芸香	5～40
重黄娑罗双、重红娑罗双	5～10	比蒂山榄	8～25
鲍迪豆	8～13	四籽木	5～10
二翅豆	8～13	柚木	5～7
香脂木豆	5～10	铁线子	10～20

注：1. 上述参考值是以前期坯料干燥时内应力消除比较好为前提的。

　　2. 在养生过程中，遇外界大气环境变化多端，残余应力无规律释放，造成坯料胀缩变形越来越大，遇到这种情况应立即停止养生，回窑再做干燥处理。

三、坯料干燥过程中常遇缺陷

地板坯料在干燥过程中常遇的缺陷有两大类：一类是肉眼可见的缺陷，坯料板面有开裂、翘曲、变形、皱缩等缺陷；另一类是表面不可见缺陷，如坯料机械强度降低、残余应力未释放，在使用中显现出各种不良现象。

（一）开裂、翘曲、变形等现象

地板坯料在干燥中或干燥后板面出现开裂、翘曲、变形等现象，除木材结构本身造成以外，还有在干燥过程中操作不当等原因。常见原因有以下几方面：

（1）干燥过程中，温度过高、干燥过快，坯料板面水分蒸发过快造成内裂。

防止的办法：在干燥阶段后期温度不宜过高。

（2）在干燥过程中地板坯料忽冷忽热，造成板坯的水分扩散和蒸发不均匀。

防止的办法：干燥基准控制时湿度、温度缓慢转换。

（3）坯料垛堆积不规范，其堆垛上层覆盖重物的质量不匹配或不平整。

防止的方法：规范堆垛，堆垛上方压板必须平整。

（二）干燥不均匀

干燥不均匀的原因如下：

（1）地板坯料堆垛不规范，致使窑内堆垛各处气流不能均匀传送。

（2）地板坯料进入干燥窑前坯料含水率差异大。

（3）窑内气流流向不佳，堆垛各处空气流速差异大，致使沿堆垛宽度和高度方向上坯料干燥不均匀。

防止的办法如下：

（1）堆垛前测定地板坯料含水率，若含水率差异大，不进入干燥窑。

（2）干燥前检查加热器，将加热管中的冷凝水和空气排除后再开始运转。

（3）检查窑内气流导向，加强窑内气流循环，保持窑内气流速度在 1m/s 以上。

四、炭化

炭化是指在干燥过程中或干燥后地板坯料的板面颜色呈严重焦黄色，甚至出现焦炭状颜色。

生产中有时会出现"假炭化"现象，此现象往往出现在易长霉的材种上，而且进窑前含水率偏高。采用通常的干燥基准，干燥结束后也常会在坯料表面出现一些不规则的黑色，类似炭化。实际上它不是炭化，而是木材在进干燥窑前已有霉点，但不明显，干燥后却暴露在坯料的表面，此与炭化有本质上的区别。

炭化产生的原因是干燥基准设置的温度太高。若遇易生霉的材种，应采用中温低湿的干燥基准，或采用连续升温的干燥基准。尽量不采用调湿处理，这样可避免假炭化。

五、皱缩

皱缩就是在板面上出现不均匀的凹陷，其原因是木材细胞不均匀收缩而产生的。

在干燥过程中，干燥温度过高、细胞腔内自由水移动较快，空气来不及进入细胞腔，使细胞腔内部的局部出现真空，而把细胞壁抽瘪。易产生此现象的材种有水曲柳、栎木、枫香、杨木等。因此遇到以上材种时，在高含水率阶段宜采用低温高湿的基准，让其缓慢干燥，可有效减少或避免皱缩现象的产生。

第九章　实木地板机加工

第一节　企口实木地板生产技术

一、概述

企口实木地板又称榫接地板，业内人士还称其为龙凤地板，该类地板目前在我国的实木地板种类中占 90% 左右。

目前我国实木地板采用的木材来自世界各地，如东南亚、美国、欧洲、巴西、古巴、拉丁美洲等国家和地区，也有国产板材。其中 80% 以上都是进口材，而且大部分是在木材市场直接采购地板坯料，即已经锯剖成实木地板相应尺寸的毛坯类，因此，在生产过程中省去了制材生产工段。

（一）规格

最初的实木地板标准规格有限定数值，在市场营销中分为标准板（符合标准中规定的规格）与非标准板。经 2001 年修订后，实木地板标准对规格没有提出具体数值，只是规定了下限值，因此市场中结束了标准板与非标准板的分类与称谓。

《实木地板第 1 部分：技术要求》（GB/T 15036.1—2018）中提出的规格尺寸要求是长度 ≥ 250mm、宽度 ≥ 40mm、厚度 ≥ 8mm。

（二）企口地板榫槽结构

20 世纪 90 年代，企口地板分为两类：一类是纵向与横向都加工有榫和槽；另一类是较长规格的企口实木地板，只在纵向开榫与槽，地板端头则是平口。但是，现在几乎纵向和地板端头都开榫和槽。

1994 年制定的实木地板标准中，对榫头、榫槽有尺寸要求，而在最新《实木地板 第 1 部分：技术要求》（GB/T 15036.1—2018）中只要求榫舌宽度 ≥ 3.0mm。

随着市场的发展，地暖实木地板兴起，企业开发出双企口实木地板，即在地板纵向开有三个榫槽，其特点是榫槽结合更紧密，牢固性好。

无论是普通实木地板还是地暖实木地板，在地板背面机加工时，都开狭槽，俗称透气槽，按效果称它为抗变形槽更确切。

抗变形槽的作用是，当背板吸潮变形时，将其应力分散，使板面显示的变形量减小。在铺装时，虽然地面干燥符合标准值，但免不了会遇到水泥养护时间短而出现假干燥，即表干里不干的现象。因此，当将实木地板满铺后，地面处于密封状态，此时未干水泥地中的水分将会逐渐从水泥地中渗出、蒸发，被实木地板背板吸收，然后沿着地板逐渐向上蒸发，由于地板各层面吸水率不一样，膨胀率也不一样，背板最大，因此拱起，地板侧面则卷起，形似瓦片状。

若地板背面开狭形槽，使板宽方向排列的纤维分离，组成分组排列状态，水分所产生的膨胀力不集中在一个面上，而是分段，这样其弯曲变形就分散，在外的变形视觉就减小，甚至没有。

所以，在实木地板机加工时，绝对不可忽视抗变形槽。

（三）含水率

实木地板的含水率是影响地板质量至关重要的因素，所以地板机加工前必须进行地板坯料干燥。《实木地板 第1部分：技术要求》（GB/T 15036.1—2018）要求含水率取值为：7.0≤含水率≤我国各使用地区的木材平衡含水率，且同一块地板的含水率最大值与最小值之差不得超过4.0。

二、企口地板机加工工艺

（一）实木地板机加工工艺流程

地板坯料→堆垛自然风干→干燥处理→坯料养生→四面刨光→坯料分选→平衡养生→精选分选→精砂定厚→四面刨开纵向榫槽及变形槽→双端铣开端榫→检验分色、分等→涂装工序→检验→包装入库。

涂装工序参见第四篇。

（二）工艺简要说明

1. 刨光

刨光是对经过干燥和存放养生后的地板坯料进行定宽定厚刨光加工的工序，以得到适合加工成地板的坯料。

技术要求：宽度偏差0～1mm，厚度公差0～+0.2mm。

板面要求：板面无缺棱，无明显扭曲、翘曲；对板面活节、死节、蛀孔、裂纹挑选分等。

2. 砂光

对地板正面进行砂光定厚，确保地板表面平整度，以满足后续机加工时精度。若地板厚度偏差过大，会造成地板拼装高度差过大。

技术要求：砂光后地板板面平整，无明显的砂光波纹，两边厚度偏差≤0.1mm。

3. 双端开榫槽

通过双端开榫机（图9-1），先用该机床锯片将地板截断进行定长，再经槽刀和铣刀加工出双端吻合的榫和槽。

技术要求：地板长度偏差 ≤ 1mm，拼装离缝 ≤ 0.3mm，榫、槽饱满。

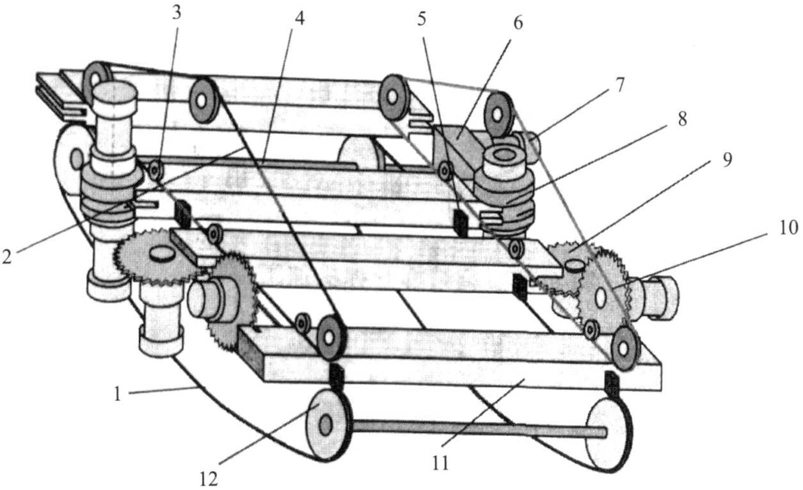

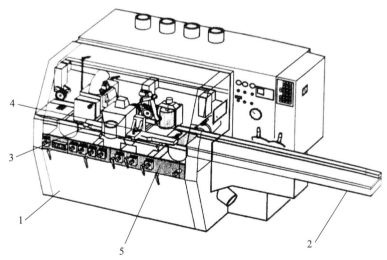

图 9-1　双端开榫机结构示意图

1—链条；2—橡胶带；3—压紧辊轮；4—传动轴；5—挡板；6—减速器；7—电机；

8—铣刀组；9—中槽刀头；10—截断圆锯；11—工作台；12—链轮

4.地板长边开榫槽

通过四面刨（图 9-2）对地板坯料进行定厚、定宽，并通过四面刨上的型刀刨铣出长边的榫槽，如图 9-3 所示。

技术要求：实木地板宽度偏差 ≤ 0.1mm，厚度偏差 ≤ 0.2mm；榫槽饱满，松紧适宜，板面无明显加工波纹。

图 9-2　四面刨结构

1—床身；2—工作台；3—切削系统；4—进给系统；5—导板

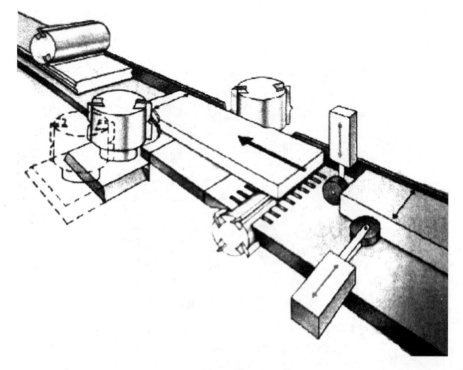

图 9-3　四面刨工作原理

为保证纵向榫槽的质量，在开机床前必须对刨刀进行仔细调整。

（1）刀具的安装和调整。一般情况下，刨刀装刀高度应比台面高 0.2 ～ 0.5mm，前台面低于刨刀头 1 ～ 2mm，转动上刀头，使其刀刃外圆距台面的高度等于地板断面的厚度。

（2）进给机构调整。调整合适与否直接影响板面的光洁度。

（3）压紧器调整。压紧器一定要调整到进给地板坯料的正方向，使其对地板坯料具有足够的压紧力。

第二节　仿古与地暖实木地板生产技术

一、仿古地板

（一）概述

20 世纪 70 年代，西方欧美国家追求自然思潮，设计师把自然理念融入家具、地板等建材的设计中。

在地板的表面通过刨、凿、砂、模压等特殊工艺使地板表面做旧，又人为塑造出木材的原始本色和天然缺陷，如节疤、裂纹、霉变等图案，这种地板称为仿古地板，深得消费者喜爱。

20 世纪 90 年代，强化木地板被引入中国。强化木地板的表层结构是印刷纸，印刷纸的图案是由电脑软件制得，色泽仿木材、石材的各种逼真图案，其中也有木材天然缺陷的图案与做旧的老木材色泽，该类地板深得白领与留洋归来的消费者喜爱。

随着地板品类多样化和消费者个性化需求的提高，多层实木地板表面及实木地板表面采用手刮纹做旧的工艺，既保留了木材的自然纹理，又增添了表面凹凸不平的质感，体现了高雅、复古和个性化的美感。

（二）仿古实木地板工艺

仿古实木地板制作通常是在平面实木地板机加工完成后再进行机加工，当前常用的仿古生产工艺有以下几种。

1. 刮痕

通过手工或机器刨、凿、锉、锯等将平面实木地板的表面加工出凹凸不平的质感。

2. 拉丝

利用木材结构早材、晚材材质软硬差异，早材质地软，开动拉丝机上的钢丝辊和抛光辊在平面实木地板板面上转动，可将早材部分区域刷出沟痕，使实木地板表面出现轻微凹凸不平的纹理，如图 9-4 所示。

图 9-4 拉丝仿古实木地板

3. 修补处理

利用手工刀具或机械设备上刨、凿等刀具在平面实木地板的表面人为扩大或人为制造天然原木所具有的节疤、裂纹等缺陷，然后再利用树脂进行修补使其更逼真，给人以自然的美感，如图 9-5 所示。

图 9-5 修补处理

4.颜色处理

在实木地板表面设定的区域或地板表面四周进行颜色加深处理，使实木地板表面深浅颜色差距明显，产生美的视觉效果，如图 9-6 所示。

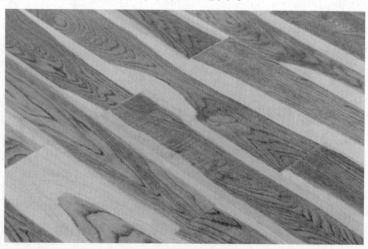

图 9-6 颜色处理

为满足消费者的个性化需求，可以通过上述四种仿古地板生产工艺中的一种或两种以上组合，使实木地板表面更有真实感、更有艺术效果。

二、地采暖用实木地板

（一）概述

地暖于 20 世纪 50 年代在欧洲盛行，70 年代传入亚洲，日本与韩国将其与榻榻米相结合，使地暖更完善，我国于 20 世纪 90 年代初引入。

实际上，我国在 20 世纪 50 年代已有一些大型建筑如"北京十大建筑"中的华侨饭店等公共建筑使用地暖。但在住宅建筑中应用起步较晚，约在 21 世纪初，首先在北方地区逐步推广采用并向南方经济发达地区发展，经过 20 多年的发展，地暖已成为主要供暖方式之一。随之，地采暖用实木地板也越来越深得消费者青睐。

若实木地板铺装在有低温热水的加热盘管或加热电缆、电热膜等电热元件的地面上时，辐射传热将使地板表面达到一定的温度，因此不是所有实木地板都适用于地暖，对加工工艺有更高的标准和要求。为保证地采暖用实木地板品质，我国地暖实木地板企业不断地进行技术创新，2012 年提出六面涂饰、炭化、化学改性、实木地板材种严苛甄选等技术要求，提高了我国地暖实木地板品质，达到世界领先水平。

（二）地采暖用实木地板生产流程

地采暖的使用特点是铺在地面的实木地板要承受长时间一定温度的烘烤，而木材本身具有湿胀干缩的特点，所以制作地采暖用实木地板的生产流程，虽然与普通实木地板的生产工艺流程相似，但在其工段（序）上有更高的标准和要求。其生产流程为：

地板坯料→干燥处理→坯料养生→四面抛光→坯料分选→平衡养生→精选分等→精砂定厚→榫槽加工→检验→涂装→覆膜／封蜡→检验→包装入库。

地采暖用实木地板生产技术特点如下：

（1）二次平衡养生

1）为适应长时间温度的烘烤，地采暖用实木地板坯料必须进行二次平衡养生。

坯料在干燥时，若出窑的含水率有较大的偏差，不能适应在地暖条件下使用，需要再进行一次水分的平衡，即在 45 ～ 50℃的环境下放置 7 ～ 15d。该周期相当于经历了一个地暖使用周期的考验。要求坯料含水率偏差在 ±5% 以内。

2）经过平衡养生后，实木地板坯料内含水率发生变化，又在变化过程中产生相应内应力，所以坯料需要在恒温恒湿的平衡养生房静置 6 ～ 12d，消除坯料中的残余应力，从而保证地采暖用实木地板坯料的尺寸稳定性。

（2）锁扣榫槽

地采暖用实木地板一般都采用双锁扣榫槽拼接，因此通过双端铣和四面刨的型刀和扣刀组合铣出端头和长度方向的锁扣，其锁扣各部位尺寸偏差 ≤ ±0.6mm。

锁扣形状为异型，测量较困难，可通过投影仪检查实际生产扣形与标准图形是否存在偏差，再根据投影仪上显示的数值偏差对开槽所应对的刀具进行调整。

第三节　机加工过程中常见的加工缺陷、产生原因与消除方法

一、压刨时常见的加工缺陷、产生原因和消除方法

为了保证坯料表面的光洁度，必须确保工件的进给速度、刀具的刃磨质量以及压紧元件的压紧力。不能正确安装和操作将会产生如表9-1所示的加工缺陷。

表9-1　压刨时常见的加工缺陷、产生原因和消除方法

加工缺陷	产生原因	消除方法
加工表面粗糙不平、起毛刺、有沟纹	刀刃钝，刀内嵌进刨花锯屑	研磨刀片，取出锯屑
坯料两边厚度不等	①工作台与刀轴不平行，工作台走斜；②刀刃各部位伸出量不一致	①调整工作台水平状态；②重新调整刨刀
沿刨削面全长有凸起线条	刀刃有缺口	更换新刀片
刨削平面有波纹，长度不均匀①局部的、偶然的；②整块的，每隔一段距离	①进给速度不均匀；②个别刀片的刀刃凸出，每把刀片的刀刃不在同一平面	①匀速进料；②重新安装刀片
坯料局部表面有凸起的波纹	坯料在工作台面上压紧力不够	压紧坯料，均匀进料
坯料末端刨削过多	后工作台面低于刀刃平面	升高后工作台面，并使其与刀刃切削平面持平
相邻两平面不成直角	①定靠装置未定装准确；②坯料表面没有紧贴定靠装置	①调整定靠装置；②操作时注意坯料面紧靠定靠装置

二、四面刨加工坯料时常见的加工缺陷、产生原因和消除方法

在加工实木地板时，四面刨是主要设备之一，主要用于对坯料的平面和实木地板的长度方向榫槽进行加工，其在加工过程中常见的缺陷、产生原因和消除方法见表9-2。

表9-2　四面刨加工坯料时常见的加工缺陷、产生原因和消除方法

加工缺陷	产生原因	消除方法
表面裂纹	①坯料在干燥时过干或已产生缺陷；②机床压料辊筒压力过大或压力不均匀	①加工前检查坯料的干燥质量；②检查进料辊筒的位置，调整压紧辊筒压力
榫头和榫槽尺寸偏差大、过松或过紧	刀具不符合规格	检查刀具的刀刃是否锐利，尺寸是否与榫槽尺寸相符

续表

加工缺陷	产生原因	消除方法
榫槽深度不够	压紧滚轮的导板压力不够，刨削层太大	调整压力，检查刨削层的大小
沿坯料厚度方向榫头和榫槽位置不正	刨刀安装的高度不一致	将刨削榫头和榫槽的刨刀刀刃调整在同一高度
刨削不成直角	①左右垂直刀轴与工作台面不垂直；②工作台面在横向上不水平；③上下刀轴与工作台面不水平；④沿刀头长度方向刀片凸出量不一致；⑤定靠装置工作面与刀轴不平行	①调整垂直刀轴，使其与工作台面垂直；②将工作台面调成水平；③调整刀轴使其与工作台面平行；④刀片的刀刃应装在统一切削面上；⑤检查定靠装置，使其与刀轴平行
上表面或下表面有凹坑	①刨削排出不畅；②压紧辊筒被刨削阻塞；③辊筒表面损伤	①检查排尘管与防尘罩是否严密结合；②消除压紧辊筒尘屑；③锉或磨辊筒表面
坯料表面出现凸起条纹	刀刃有缺口	将刀刃缺口处磨平或换新

三、双端开榫机加工坯料时常见的加工缺陷、产生原因和消除方法

双端开榫机又称双端铣，用于加工坯料定长与坯料端头的榫头与榫槽，在加工时常见的加工缺陷、产生原因和消除方法如表9-3所示。

表9-3　双端开榫机加工坯料时常见的加工缺陷、产生原因和消除方法

加工缺陷	产生原因	消除方法
榫颊凸起	刀片弧度刃磨不正确，造成槽头形状有偏差	重新磨刀刃弧度，其弧度大小应与刀头斜度相适应
榫颊凹陷	各刀片安装不在同一切面上	重新调整刀片
两榫颊不平行	刀轴不牢固，引起振动	平衡刀头，并安装牢固
有波状不平	压紧器松动，致使坯料出现跳动	调整压紧器压力，夹紧坯料
榫肩起毛	①铣刀刀口不锋利，没有割断木纤维；②装刀位置不正确	①刃磨刀具；②调整刀具位置
榫头侧面有劈裂	垫板失去作用	更换与榫头侧面复合的垫板
榫颊与榫肩的角度不正确	①各刀轴与台面不平行或不垂直；②坯料放置不当，夹紧力不够	①调整刀轴与台面平行或垂直；②调整压紧器，夹紧坯料

第四篇
实木地板用涂料与配件

第十章 涂料基础知识

第一节 概述

俗话说"三分木工、七分油漆",在木地板生产中,通过各种刨、锯等机加工制作的实木地板只能属于半成品,必须经过涂饰后,才能成为完美的实木地板,供人们使用。因此,涂饰是实木地板生产中一个重要的环节,涂饰质量的好坏直接影响实木地板的美观和使用。

实木地板涂饰是用涂料、颜料、染料、溶剂等辅助材料,使用设备直接改变实木地板表面的光泽、色彩、硬度等理化性能的一系列行为的总称。

一、涂饰的功能

实木地板涂饰可以起到保护、装饰的作用,从而延长实木地板铺到地面后的使用寿命。

1. 保护功能

实木地板长期暴露在大气环境中,与空气、水分、日光照射、烟雾等的接触会使实木地板表面失去光泽和原有的色彩,甚至产生翘曲、变形、开裂、腐朽等缺陷,影响实木地板使用寿命。

涂料附着于实木地板的表面,形成一层漆膜,使之避免与外界环境中水、空气、阳光等的直接接触,对实木地板表面起到保护作用,从而延长实木地板的使用寿命。

2. 装饰功能

木材本身既具有天然色彩,又具有自然的管孔和纹理。当涂层着色和清漆罩面后,更能充分显露木材的美感。如柚木、水曲柳等阔叶树材表面显现的色彩和纹理非常秀丽,经过清漆罩面后,纹理显现出的图案更加清晰悦目。另外,某些涂料如色漆还能改变木材的原来色彩,经过不透明漆涂饰后,可以掩盖木材表面的虫眼、节子、鬃眼等天然缺陷,起到良好的装饰作用,又能提高木材的利用率。

二、涂饰的分类

按照涂料品类、涂饰工艺、质量标准,涂饰可以分为普通涂饰、中级涂饰、高级涂饰三种类型。

按照漆膜显露木材色彩和纹理的不同，可以分为不透明色漆涂饰、透明清漆涂饰两种类型；按照漆膜光亮程度不同，可以分为原光涂饰、亮光涂饰、半亮光涂饰（半亚光涂饰）、亚光涂饰。

按照漆膜厚度和质感不同，可以分为薄膜型涂饰、中膜型涂饰、厚膜型涂饰三种类型。薄膜型涂饰的涂料渗入木材表层，形成一层面层，木材表面看不见漆膜。中膜型涂饰的漆膜厚度为几十微米到 300 μm，大多数实木地板的漆膜厚度都属于这种类型，如硝基漆、聚氨酯树脂漆、光敏漆等。厚膜型涂料的厚度大于 300 μm，甚至可以达到 2mm，如聚氨酯树脂漆。

三、涂饰的配套性

实木地板涂饰时，除了正确掌握涂料的型号、性能、等级外，还应正确掌握涂料间的配套，否则将严重影响漆膜层间的附着力和涂饰质量。

1. 涂料与基层表面的配套

涂料的品种很多，性能各异，涂饰方法也各异，需要针对不同树种选择不同涂料与涂料工艺配合；依据木材中是否含有填充物、单宁、树脂等，附着漆膜后效果也都不相同。因此，选择涂料既要考虑木材性能，也要考虑涂料品质、产品档次、材料成本，更要从实木地板对涂层质量（耐磨、耐刮擦等）的影响为出发点，选择适合的涂料品类。

2. 涂层之间的配套

实木地板所用的涂料各具特色，并都附有独特的涂饰工艺，必须注意各涂层之间的配套原则。各涂层之间既可用同类涂料，也可用非同类涂料，但必须充分显示各自优异的涂料性能。切忌使用的涂料坚硬性、收缩性差异过大，避免产生漆膜裂膜、剥落等现象。

为了加强各涂层之间的结合力，腻子、底漆、面漆等应该相互间融合。如虫胶清漆作为封闭底漆时，可以采用酚醛树脂清漆、醇酸树脂清漆、硝基清漆等面漆配套，但是不能采用丙烯酸清漆、聚酯清漆、聚氨酯清漆、光敏漆的封闭底漆，因为漆膜附着力容易变得非常差，并产生漆膜层剥落现象。

3. 涂料与溶剂、助剂等配套

涂料品种与辅料（溶剂、助剂等）需要配套使用，否则容易引起涂膜层形成不良的缺陷。

第二节　涂料的组成

涂料是由多种原材料混合而成的，组成成分复杂，性质也完全不同。按照成膜原理和作用的不同，可以分为主要成膜物质、次要成膜物质、辅助成膜物质三种类型。

一、主要成膜物质

主要成膜物质是构成漆膜的重要部分，可以独立成膜，也可以与其他物质共同成膜。其作用是将涂料牢固地附着于实木地板白坯表面，形成理化性能优异的一层坚韧保护膜。

主要成膜物质包括油料、树脂两大类型。

油料是使用最早的主要成膜物质，是制造油性漆和油剂漆的主要原料。但是单独使用油料制造的涂料，漆膜的硬度、光泽、耐水等性能不能满足人们的使用要求。因此，当前逐渐采用性能优异的树脂作为涂料的主要成膜物质。

树脂是非结晶体结构的固体或半固体有机化合物。在涂料工业中，可以分为天然树脂、人造树脂、合成树脂三大类型。天然树脂如松香、虫胶等；人造树脂是用天然有机高分子化合物经过加工制造而成，如甘油香酯、硝化纤维等；合成树脂是用单体经过聚合和缩聚加工制造而成，如酚醛树脂、醇酸树脂、丙烯酸树脂。三大类型树脂相比较，使用合成树脂制造的涂料性能更优异，光泽较高，合成树脂制造的涂料是现代涂料中品种最多、应用最广的涂料。

二、次要成膜物质

次要成膜物质（俗称着色物质），可以显著改善漆膜的性能，增加漆膜的色彩，但是本身无结膜的能力，必须依靠主要成膜物质才能共同成膜，主要包括颜料、染料。

三、辅助成膜物质

辅助成膜物质是指涂料中的助剂和溶剂，不能单独构成漆膜，也不存留在漆膜中，在涂料形成漆膜过程起到辅助促进的作用，有利于涂料的研磨、涂饰、干燥，也可明显改善漆膜的性能。

第三节　涂料的分类

一、涂料的分类

涂料的种类繁多，我国有上千种，性能各异。为了区分涂料曾有多种分类方法，但都不够完善与系统。直到 1975 年，我国石油化工部颁发了涂料产品分类命名的标准后才开始统一。该标准对涂料产品的分类是以涂料基料中的主要成膜物质为基础的，若成膜物质为混合的树脂，则按在涂膜中起主要作用的一种树脂为基础，成膜物质分为 17 类，见表 10-1。

表 10-1　涂料类别代号表

序号	代号	涂料类别	主要成膜物质
1	Y	油脂漆	植物油、合成油
2	T	天然树脂	改性松香、虫胶、大漆及衍生物
3	F	酚醛树脂漆	酚醛树脂、改性酚醛树脂
4	L	沥青漆	天然沥青、石油沥青、煤焦油沥青
5	C	醇酸树脂漆	甘油醇酸树脂、季戊四醇醇酸树脂、改性醇酸树脂
6	A	氨基树脂漆	脲酸树脂、三聚氰胺甲醛树脂
7	Q	硝基漆	硝基纤维漆酯（硝化棉）、改性硝基纤维树脂
8	M	纤维漆	乙基纤维、醋酸纤维、醋酸丁酸纤维等
9	G	过氯乙烯漆类	过氯乙烯树脂、改性过氯乙烯树脂
10	X	乙烯树脂漆类	氯乙烯共聚树脂、聚醋酸乙烯及共聚物等
11	B	丙烯酸漆类	丙烯酸酯树脂、丙烯酸共聚物、改性丙烯酸酯树脂
12	Z	聚酯树脂漆	饱和聚酯树脂、不饱和聚酯树脂
13	H	环氧树脂漆	环氧树脂、改性环氧树脂
14	S	聚氨酯树脂漆	聚氨基甲酸酯
15	W	元素有机漆	硅、钛、铝等元素有机聚合物
16	J	橡胶漆	天然橡胶及衍生物、合成橡胶及衍生物
17	E	其他漆类	未包括在以上所列的其他成膜物质

二、涂料的编号原则

涂料的型号由三部分组成：第一部分是主要成膜物质，采用字母来表示；第二部分是基本名称，采用两位阿拉伯数字来表示；第三部分是序号，采用一位阿拉伯数字来表示，其含义是表示同一类型涂料之间的组成配比、用途工艺等方面的区别。涂料的代号与基本名称见表 10-2。

表 10-2　涂料的代号与基本名称

代号	基本名称	代号	基本名称	代号	基本名称
00	清油	20	铅笔漆	61	耐热漆
01	清漆	22	木器漆	62	示温漆
02	厚漆	27	玩具漆	63	涂布漆
03	调和漆	40	防污漆、防蛀漆	64	可剥漆

代号	基本名称	代号	基本名称	代号	基本名称
04	磁漆	41	水线漆	65	粉末涂料
05	烘漆	42	甲板漆、甲板防滑漆	66	感光涂料
06	底漆	43	船壳漆	67	隔热涂料
07	腻子	44	船底漆	77	内墙涂料
09	大漆	45	饮水舱漆	78	外墙涂料
13	水性漆	50	耐酸漆	79	防水涂料
14	透明漆	51	耐碱漆	80	地板漆、地坪漆
15	斑纹漆	52	防腐漆	84	黑板漆
16	锤纹漆	53	防锈漆	85	调色漆
17	皱纹漆	54	耐油漆	86	标志漆、马路划线漆
18	闪光漆	55	耐水漆	98	胶液
19	晶纹漆	56	防火漆	99	其他

根据涂料的分类、命名原则、编号原则，出厂的成品涂料都应该注明标准型号，这样组成能表示涂料的品种，不会重复和混淆，便于地板企业购买时验收和鉴定出厂的涂料。企业出厂时，除了有以上标注外，还必须注明涂料的固体成分含量。

实例1 某涂料的基本名称为木器漆22，主要成膜物质为丙烯酸树脂B，序号为1，固体含量为50%。此涂料出厂时应标注为B22-1丙烯酸木器漆固含量50%。

实例2 某涂料的基本名称为清漆01，主要成膜物质为醇酸树脂C，序号为1，固体含量为60%。该涂料在出厂时应标注为C01-1醇酸清漆固含量60%。

第四节　涂料的性能

涂料的性能主要包括涂料的基本性能、涂料的施工性能、漆膜的理化性能、涂膜的装饰性能。

一、涂料的基本性能

实木地板所用的涂料大多数是液体涂料。涂料的性能是指涂料在使用前的性能，主要包括外观质量、密度、细度、色彩、透明度、结皮性、储存稳定性、固体成分含量、有害物质含量等。

1. 密度

密度是指涂料单位体积的质量。根据密度的大小，可以知晓涂料装在桶中的单位体积质量，也可以了解计算木地板单位面积涂料的使用量。

2. 细度

细度是指色漆中固体颗粒的大小或分散的均匀程度，用微米（μm）来表示。细度值的大小，往往会影响漆膜的平整度、光泽、储存稳定性等。细度值越大，漆膜表面越粗糙；细度值越小，漆膜表面越平整光滑。

3. 色彩

色彩是在日光或灯光照射下，将不含有颜料的清漆与一系列标准色阶的溶液进行比较，观察色彩深浅程度。色彩直接影响清漆成膜性能和使用范围。色深的清漆含有杂质，透明度降低，不能用于浅色涂饰。

4. 透明度

透明度是不含有颜料的透明涂料的一项重要指标，如酚醛清漆、醇酸清漆、硝基清漆、丙烯酸清漆等。观察透明涂料的清晰程度，如果透明度过低，往往会影响漆膜光泽色彩，并会延长涂层干燥结膜时间。在实际生产中，透明度的测定方法是先将整桶涂料上下搅拌翻动，目测观察涂料是否保持一定的透明度。如果目测时仅仅有轻微浑浊，则透明涂料合格；如果发现乳白色糊状物，则说明透明涂料中含有较多水分和杂质，不能使用。

5. 结皮性

结皮性是指涂料在密闭桶内或开桶后使用过程中的结皮现象。在实际使用中，某些涂料在开桶后的结皮现象是不可能完全避免的，但是如何使结皮生成的速度和性质控制在可允许的范围内，尽量减少损失，是使用中必须注意的问题。

6. 储存稳定性

储存稳定性是指涂料在密闭桶内储存过程中的质量稳定性。在实际应用中，涂料在生产后往往要储存几个月，甚至在几年后才使用。开盖后不可避免地产生沉淀、结皮、浑浊、变稠、变色、干性减慢等病态，如果这些变化超过允许的限度，就会影响漆膜性能，甚至涂料开盖后不能使用，造成浪费。

二、涂料的施工性能

涂料的施工性能主要包括涂料黏度、涂层干燥时间、流平性、固体分含量、流平性、遮盖力、可修复性等。

（一）涂料黏度

黏度是指流体内部之间相互作用产生阻碍相对运动能力的一种量度。涂料黏度是指涂料的黏稠程度。涂料的条件黏度，即取一定量的试样，在一定温度下，从规定直径的容器孔中所流出的涂料量，时间以秒计。如果涂料流得快，时间短，则黏度低；如果涂料流得慢，时间长，则黏度高。黏度可以反映涂料的流平性，如果黏度过高，则在涂刷过程中容易产生漆膜刷痕，且涂层干燥成膜时间较长；如果黏度过低，则在涂刷过程中形成的漆膜有流挂缺陷，尤其是在垂直面上。

黏度并非涂料的固有属性。液体涂料黏度，常因溶剂的品种及使用量的不同而不同。可针对不同的施工方法，用溶剂稀释到最适宜的黏度。最适宜的黏度需经过多次调试确定。涂料的黏度与周围气温以及涂料本身温度有关，当涂料被加热时，黏度自然会降低。此外，在施工过程中，随着溶剂的挥发，涂料也会逐渐变稠。

（二）涂层干燥时间

把液体涂料涂饰到木地板表面上，经过一定时间，涂层转变成固体漆膜的过程称为涂层底干燥或涂层固化。一定厚度的涂层，在规定的干燥条件下，从流体层干至表面形成漆膜的时间称作涂层干燥时间。

当涂层进一步干至全部形成固体漆膜，即为达到实际干燥阶段，业内称其为表干。这个阶段所需时间称作表面干燥时间。当涂层进一步干至全部形成固体漆膜，即为达到实际干燥阶段，称为实干，此阶段所需时间称为实际干燥时间。

从地板生产企业角度出发，涂料干燥消耗的时间越短越好。涂料干燥时间短，则生产周期短，生产率高。

木地板使用的涂料中，油性漆干燥最慢，挥发性漆干燥快。其中，光敏涂料干燥时间最短。但在生产中必须注意，干燥过快会使漆膜产生橘皮、气泡与针孔等不良现象。

（三）固体分含量

固体分即液体涂料中能留下来干燥结成膜的不挥发成分，它在整个液体涂料中的质量比例即为固体分含量（S），常用百分比表示。固体分含量可用下式表示：

$$S=\frac{G}{M}\times100\% \qquad (10\text{-}1)$$

式中　G——固体分质量，g；

　　　M——涂料质量，g。

通常，涂料固体分含量越高越好。达到同样的漆膜厚度，固体分含量高的涂料所需涂饰遍数少，简化涂饰工艺。固体分含量高，所含挥发性溶剂量相对低，溶剂消耗少，减轻施工时有害气体污染。一般的油漆、聚氨酯漆的固体分含量均为50%左右，挥发性漆固体分含量为10%～20%，聚酯漆、光敏涂料等固体分含量都在95%以上。

（四）流平性

流平性又称流展性或匀饰性，是指涂料经各种涂饰方法（辊、喷、淋等）将涂料涂饰到实木地板坯料表面上后，液体涂料能否很快流挂，并达到均匀、平整的性能。这是涂料装饰性能的一项重要指标。

涂料的流平性与黏度、所含溶剂品种、表面张力等因素有关。一般来说，涂料黏度低，流平性好；或当挥发性涂料中含有混合溶剂时，则溶剂挥发慢，涂层流平性好。

流平性好的涂料能够形成平整光滑的漆膜，可以减轻涂膜表面修饰的工作量，并有利于形成较高光泽的表面漆膜。

（五）遮盖力

遮盖力是指色漆涂成均匀的薄膜后，能够遮盖木地板表面底色的能力，以能遮盖单位面积所需的最小用漆量（g/m^2）表示。

优质色漆应有较好的遮盖力，通常深色漆优于浅色漆，遮盖相同面积耗漆量少，降低施工成本。

（六）可修复性

可修复性是指漆膜局部受到磕碰、划伤（这在实木地板生产、运输和使用中经常遇见）等损坏后是否便于修复的能力。

一般来说，挥发性漆的可逆性漆膜便于漆膜修复，如硝基漆、过氧乙烯漆、虫胶漆、挥发性丙烯酸漆等。某些聚合型漆如聚氨酯漆、聚酯漆等，一般不便用擦涂法蘸原漆液修复。

三、漆膜的理化性能

漆膜的理化性能是涂料所形成漆膜应具备的使用性能，是最终比较涂料质量和使用价值的重要指标。

（一）附着力

附着力也称附着性，是指涂膜与地板表面之间牢固结合的性能，是检验涂料和施工质量的一项重要技术指标。

附着力好的涂膜经久耐用，反之则容易引起开裂、漆皮脱落等不良现象。影响涂膜附着力的因素有以下几方面：

（1）涂膜物质的硬度。

（2）涂饰时被涂饰地板表面的含水率。

（3）涂饰工艺。

一般来说，涂膜较软的油性涂料附着力优于涂膜较硬的树脂涂料。涂膜附着力好，是指必须使成膜物质聚合物的极性基团，如羟基或羧基与被涂木材表面的极性基团有良好的结合。为使涂膜与木地板表面有良好的附着力，在施工过程中必须注意以下几方面：

（1）地板表面必须擦拭干净，无脏物与水分。

（2）木地板白坯含水率≤15%。

（3）若底层采用水性涂料，必须干后再涂下一层。

（4）采用复合涂层工艺时，必须注意底漆、面漆配套；采用双组分聚氨酯涂料涂刷多遍时，宜采用"湿碰湿"工艺。

（二）硬度

硬度是指涂膜对于物体侵入地板表面所提供阻力的能力。木地板铺装在地面，上面放置家具和其他物品，因此要求漆膜具有较高的硬度。漆膜硬度取决于涂料组成中成膜物质的种类，一般含硬树脂较多的漆膜较硬，而油性漆成膜则较软。

漆膜硬度高，表面机械强度高，坚硬耐磨，能经受外力磕碰划伤，尤其用抛光膏研磨抛光时，坚硬的漆膜易抛出光泽。但是过硬的漆膜柔韧性差，抗冲击强度低，容易脆裂，影响附着力。《实木地板 第1部分：技术要求》（GB/T 15036.1—2018）标准中要求漆膜硬度 ≥ H。

（三）柔韧性

漆膜柔韧性也称弹性。用于木地板的漆膜，既应具有一定的硬度，还应具有一定的柔韧性。漆膜之所以需要一定的柔韧性，是因为木地板铺装在室内地面上，受四季干湿度变化易产生湿胀干缩，从而引起体积变形；室内温度变化，也容易导致漆膜本身热胀冷缩。除此以外，木地板表面漆膜还可能遭受重物掉落的突然冲击与振动。柔韧性不良的漆膜，当遇到上述情况时，漆膜将会发生胀裂破坏。

漆膜的柔韧性主要取决于组成涂料的树脂分子链长短和内聚力大小，一般含油类较多的涂料柔韧性好，而含树脂多的漆膜一般需要用增塑剂调节柔韧性。

（四）耐磨性

耐磨性是指涂膜经受摩擦或研磨而不会导致很快损伤、破坏的性能。木地板因铺装位置经常受到人们的踩踏和硬物的碰撞而使漆膜受损，因此漆膜的耐磨性是实木地板重要特性之一。

耐磨性实际上是漆膜硬度、附着力及内聚力综合效应的体现，并与施工过程中的表面处理、涂层干燥过程中的温湿度等条件有关。

漆膜耐磨性的好坏直接影响实木地板的装饰性与使用耐久性，在《实木地板 第1部分：技术要求》（GB/T 15036.1—2018）中，要求合格品的漆膜表面耐磨值 ≤ 0.12g/100r，优等品 ≤ 0.08g/100r。

（五）耐热性

耐热性是指涂膜在一定时间内、一定温度作用下，仍能保持完好性能的能力。耐热性差的涂膜遇到高温作用可能失光、皱皮、起泡、开裂或留下痕迹。

（六）耐水性

耐水性是指漆膜表面遇水、浸水后是否发生变化的性能。耐水性差的漆膜，遇水轻则失光、变色，重则起泡、皱皮、剥落、脱皮等。耐水性好的漆膜除掉水后，过一段时间又能恢复。

（七）耐化学性

耐化学性是指漆膜表面在接触酸、碱、盐、汽油等化学用品后的稳定性。耐化学性差的漆膜遇化学用品会出现皱皮、起泡、脱皮等不良现象。

四、漆膜的装饰性能

实木地板所用的涂料在表面形成的漆膜既要具有一定的保护作用，又要具有一定的装饰性。涂料的装饰性是通过漆膜质量来检验的。对于不透明色漆涂饰，要求漆膜色泽鲜艳、不变色、不泛黄；对于透明亚光涂饰，要求漆膜光泽柔和，手感滑爽。对于透明的亮光涂饰，要求漆膜具有极高的光泽。

（一）光泽与保光性

亮光装饰的漆膜应具有极高的光泽，并能长期保光。漆膜的光泽首先与涂料本身性质有关，亮光装饰应选用好的亮光漆涂饰，漆的流平性好、漆膜硬度较硬，以便能抛出光泽。

漆膜表面光泽的实质，是入射光线在表面上集中向一个方向反射的结果，这与表面的平整光滑程度有关。表面越平越光，反射光线大量向一个方向集中，人们才能感到这个表面是光亮的；当表面粗糙不平的时候，漆膜硬度不一，光泽度低。亮光漆膜必须具有一定厚度，粗纹孔木材要填满填实管孔，才能保证地板表面的平整度且不使漆膜下陷。木地板表面漆膜的平整光滑是涂层平整光滑一层层积累形成的，白坯的实木地板表面要经过砂磨才能达到较高的光洁度。只有这样才能从实木地板白坯表面到最后表面漆膜修饰抛光，经过一系列施工等，最终得到高光泽、耐久性好的漆膜。

（二）色泽与保色性

通常所用清漆是无色的，但不是所有清漆都是无色的，有些漆本身颜色浅，如硝基漆、丙烯酸漆、氨基醇酸漆等；有些清漆则带颜色，如虫胶漆、酚醛漆与聚氨酯醇漆等。有颜色的清漆不能用于浅色、本色透明的油漆装饰中。漆膜在使用中其颜色往往还要变深、泛黄，其中丙烯酸漆的色泽与保色性最好。

（三）清漆的透明度

实木地板表面装饰时，为了保留木材的天然纹理，需要采用清漆，使其能更清晰地显现木材纹理。

第十一章　实木地板常用的涂料

地板涂饰是实木地板生产的关键工序之一，是实木地板使用性能与外观装饰的重要保障，不仅能保护地板表面承受磕碰与磨损，又能增强地板的防潮能力，保持地板尺寸稳定性，同时也给实木地板增添更为丰富美丽的色彩和光泽。实木地板常采用的涂料有硝基漆、丙烯酸树脂漆、聚酯树脂漆、聚氨酚树脂漆、光敏漆、亚光漆、水性漆、木蜡油等。

第一节　硝基漆

硝基漆（NC）又称硝基纤维漆。

一、硝基漆的性能

硝基漆是指以硝化棉或改性硝化棉作为主要成膜物质的一种液体涂料。

硝基漆是一种挥发型快干性涂料，组成中的固体成分含量非常低，为 15% ～ 30%，形成漆膜仅仅依靠涂料中溶剂挥发即可实现，涂层干燥结膜迅速，挥发速度的快慢对于漆膜的质量具有重要的意义。另外，强溶剂的大量挥发对涂饰环境污染严重，危害操作人员的身体健康。

硝基漆与其他漆种的区别是硝基漆漆膜形成后，可以用原来的溶剂将漆膜溶解成为原来的涂料，因此漆膜是可逆的，又叫作"再生漆"。也由于该特点，溶剂涂饰在木地板表面时，在漆面受损后，可修补到与原来漆膜完全一样的板面漆膜。该性能明显优于其他合成树脂漆。

硝基漆漆膜坚韧，透明度高，硬度较高，经过砂磨、抛光后，漆膜平滑、细腻，光泽度较高，可以达到高度晶莹的装饰效果。

硝基漆也存在一些不足之处：价格昂贵；固体成分含量较低，附着力较差，涂层非常薄，需要多遍涂饰才能达到地板板面所需要的厚度；生产周期长，生产成本高；漆膜的理化性能指标不如合成树漆的性能指标高。因此，目前生产企业采用丙烯酸改性硝基清漆，既保持硝基漆快干的优点，又可克服漆膜较薄、保护性差等缺陷。

二、硝基漆的品种与使用中的注意事项

硝基漆主要包括硝基清漆、硝基磁漆、硝基底漆等。

1. 硝基清漆

在透明清漆涂饰中，硝基木器漆是硝基漆的主要品种，用于罩面涂料，如果再加入硬性树脂，漆膜将会变得平滑光亮、透明度好，可用于室内木地板及其他木制品的罩面涂料。如果加入软性树脂或增塑剂，漆膜将变得柔韧。

在实际应用中，硝基清漆不能用油性漆、酚醛清漆、醇酸清漆等作为封闭底漆，也不能用聚酯清漆和聚氨酯清漆作为面漆配套使用。硝基清漆作为封闭底漆时，当涂饰第一道聚氨酯面漆时，可以获得满意的效果，但是继续涂饰第二道聚氨酯面漆时，往往会从底层的硝基漆开始，产生大面积的漆膜皱皮、咬底等缺陷。

2. 硝基磁漆

硝基磁漆分为硝基内用磁漆与硝基外用磁漆。硝基内用磁漆由硝化棉、改性松香树脂、蓖麻油、增塑剂、混合溶剂等配制而成。

硝基外用磁漆是由硝化棉作为主要原料，加入改性醇酸树脂、氨基树脂、增塑剂、混合溶剂等配制而成的漆种；如要配制有色漆种，再加入着色颜料和体质颜料，经过机械研磨、搅拌、过滤等工序即可加工而成。

硝基内用磁漆与硝基外用磁漆的主要差异是硝基外用磁漆的耐候性强。

3. 硝基底漆

硝基底漆的作用是填充木材管孔、木鬃眼，使木材表面平整，减少面层硝基漆的用量。硝基底漆可以分为透明硝基底漆、有色硝基底漆两种类型。

第二节　丙烯酸树脂漆

丙烯酸树脂漆是以丙烯酸树脂为主要成膜物质的一类液体涂料。丙烯酸树脂是合成树脂中的上品，因此丙烯酸树脂漆是性能优异的涂料。

一、丙烯酸树脂漆性能

丙烯酸树脂漆具有以下性能：

（1）装饰性非常优异，色彩较浅，透明度极佳，可以制成水白色的透明清漆和纯白色的磁漆。

（2）具有良好的保光性与保色性。丙烯酸树脂在空气中紫外线照射下不易发生断链、分解或氧化等化学反应。因此，颜色及光泽可以长期保持稳定，不易变黄，耐候性好。

（3）耐热性高。热塑性丙烯酸树脂漆在较高温度下软化，冷却后能复原，一般不影响性能指标。

（4）漆膜丰满，光泽高，装饰性强。

（5）丙烯酸树脂漆组分中固体成分含量较高，为 30% ～ 50%。

（6）涂层干燥结膜迅速。在常温下涂层即可干燥结膜（自干），也可在高温下烘烤干燥结膜。

（7）丙烯酸树脂漆也有不足之处：价格昂贵；漆膜质脆，耐寒性较差；原始光泽不如醇酸树脂漆和聚酯树脂漆的光泽；黏度过高，受热会产生发黏现象。这些不良现象影响丙烯酸树脂漆的应用前景。

二、丙烯酸树脂漆品种

按照所用单体不同，丙烯酸树脂漆可分为热塑性丙烯酸树脂漆及热固性丙烯酸树脂漆两种类型。在木地板涂饰应用中，丙烯酸树脂漆主要包括丙烯酸清漆、丙烯酸磁漆、丙烯酸底漆等。

热塑性丙烯酸树脂漆在加热的情况下不会与其他的外加树脂交联成型，受热时只是软化，冷却后又恢复原来形状。热塑性丙烯酸树脂漆可以制成挥发型丙烯酸漆，性能类似于硝基漆，组成以丙烯酸树脂为主体，用增塑剂调整弹性与脆性。

固化型丙烯酸树脂漆是指涂料涂饰后，成膜物质之间经化学反应交联固化成膜的漆类，不同于仅依靠溶剂挥发而固化成膜的硝基漆与热塑性丙烯酸树脂漆，性能优于热塑性丙烯酸树脂漆，漆的黏度较低，固体分含量高，可以减少涂饰遍数，获得丰满的装饰性能好的涂膜。

第三节　聚酯树脂漆

聚酯树脂漆是指以聚酯树脂作为主要成膜物质的一种液体涂料。聚酯树脂是多元醇与多元酸的缩聚产物。选用不同的多元酸和多元醇以及其他改性剂，能制成不同类型的聚酯树脂漆。聚酯树脂漆主要包括饱和聚酯树脂漆与不饱和聚酯树脂漆两大类型。本节仅介绍不饱和聚酯树脂漆性能品种等。

一、不饱和聚酯树脂漆性能

不饱和聚酯树脂漆是一种不溶、不熔的高聚物，漆膜不可逆，不可以用原来的溶剂将漆膜溶解成为原来的涂料，如果漆膜受到损伤，则修复困难。其性能如下：

（1）不饱和聚酯树脂漆漆膜坚韧、透明度高、丰满厚实、硬度较高，因此用于木地板罩面漆。

（2）不饱和聚酯树脂漆组分中的固体分含量高，达到 95% 以上，涂层较厚，一次涂饰可以获得很厚的漆膜（200 ～ 300μm），涂饰二道即可获得丰满厚实的漆膜，因此省工、省时、省料。

（3）保光、保色性能优异，装饰效果好。

（4）涂层结膜干燥迅速，在常温下涂层即可干燥（自干），还可以在高温下烘烤干燥结膜。

（5）漆膜耐磨性、耐水性、耐候性等性能较好。

（6）不饱和聚酯树脂漆也存在不足之处，如价格昂贵、附着力较差、漆膜质脆、容易开裂。

二、不饱和聚酯树脂漆品种与使用注意事项

不饱和聚酯树脂漆主要包括聚酯清漆、聚酯磁漆、PE 聚酯漆、聚酯底漆、聚酯腻子等品种。

1. 聚酯清漆

在透明清漆涂饰中，我国木地板企业普遍使用聚酯木器漆，它是组合的分装涂料。在实际使用过程中，聚酯清漆可以用聚氨酯清漆作为封闭底漆，需在聚氨酯清漆涂饰后 5h 内及时复涂聚酯清漆，否则会影响漆膜的附着力，而且不能用油性漆、虫胶漆、酚醛清漆、醇酸清漆、硝基清漆等作为封闭底漆，不能与水性腻子、虫胶腻子配套使用。这些漆液都会降低漆膜的附着力，将会产生漆膜皱皮、咬底、剥落等缺陷。

2. 聚酯磁漆

聚酯磁漆的固体成分含量较高，一次喷涂即可获得足够的涂层厚度，但在木地板涂饰中应用较少。

3. PE 聚酯漆

PE 聚酯漆属于气干型不饱和聚酯树脂漆，是不饱和聚酯树脂漆中应用最广泛的一种新型涂料，专用于高档实木地板涂饰。

该漆自成一个系列，主要包括普通 PE 聚酯漆、改性 PE 聚酯漆、速干 PE 聚酯漆等品种。PE 聚酯漆又可分为底漆系列、面漆系列两种类型。底漆系列主要分为有色漆与透明漆，面漆系列主要分为清漆、色漆、特亮漆、白漆、闪光漆、银珠漆等。

第四节　聚氨酯树脂漆

聚氨酯树脂漆是指以聚氨基甲酸酯树脂作为主要成膜物质的一种流体涂料，是木地板涂饰中的高档涂料，具有独特的性能，涂于木地板表面干燥后涂层表面就像玻璃一样晶透。业内人形象地称其为"玻璃漆""树脂漆"。

一、聚氨酯树脂漆性能

聚氨酯树脂漆又称为 PU 漆,对各种表面均有良好的附着力,对木材表面的附着性能尤为坚固。有关研究指出,聚氨酯树脂漆中的异氰酸基成分能与木材中的纤维起化学反应,致使聚氨酯坚固地附着在木材的表面上,极适宜作木材封闭漆与底漆,如重蚁木、柚木等木材加工制作的实木地板,固化时不受木材内含物以及节疤油分的影响。

聚氨脂树脂漆膜平滑厚实、丰满光亮,富有弹性、耐磨,具有很好的装饰性,在木地板生产中常用于涂饰高档木地板。

聚氨酯树脂漆固体分含量较高,达 50% ~ 60%,涂层较厚,涂层干燥结膜较慢。在常温下即可干燥结膜(自干),也可在低温或高温下烘烤干燥结膜。在 0℃ 以下,若加入适量的催化剂,也可达到快速固化,施工季节不受限制。

聚氨酯树脂漆耐水性、耐热性、耐气候性、耐酸碱性等性能都较好。

聚氨酯树脂漆也有不足之处:色彩较深,容易使漆膜泛黄、粉化等;施工时释放有毒气体,施工现场必须加强通风,操作现场必须干燥,如遇潮气就会在漆面板表面产生气泡。因此,聚氨酯树脂漆所用溶剂不能受潮气影响,且包装容器和木材表面也必须干燥。

二、聚氨酯树脂漆品种及使用时注意事项

聚氨酯树脂漆按照组成成分、固化原理不同,可分为改性聚氨酯树脂漆、湿固化型聚氨酯树脂漆、封闭型聚氨酯树脂漆、羟基固化型聚氨酯树脂漆等品种,其中除了封闭型聚氨酯树脂漆不宜用于木地板涂饰,其他都可以用于木地板涂饰。

常用于木地板涂饰的聚氨酯树脂漆有以下两种:

1. 685 聚氨酯木器漆

685 聚氨酯木器漆在木地板涂饰过程中,必须注意底漆的抗溶剂性以及底面漆的配套性。

聚氨酯清漆应该用同系列的聚氨酯底漆,不能用油性漆、虫胶清漆、酚醛清漆、醇酸清漆、硝基清漆作为封闭底漆,尤其不能用未经过脱蜡处理的虫胶清漆。假若用其作为封闭底漆,涂层在干燥过程中,蜡质会移向表面,在漆膜表面形成隔离层,影响漆膜的附着力,致使漆膜剥离。

2. PU 聚酯漆

PU 聚酯漆属于羟基固化型聚氨酯树脂漆。由于 PU 聚酯漆的底、面漆配套性有特殊要求,在使用中必须专门配套相应的 PU 聚酯底漆、PU 聚酯面漆。PU 聚酯漆是聚氨酯树脂漆中发展最快的一种新型涂料,广泛应用于木地板涂饰,自成一个系列。

PU 聚酯漆可以分为底漆系列、面漆系列两种类型。底漆系列主要有填孔剂、

封闭底漆、中层底漆、普通透明底漆、耐黄变透明底漆、白色底漆、有色底漆等。面漆系列主要有清漆、色漆、普通透明面漆、耐黄变透明面漆、亮光漆、亚光漆等品种。

第五节　光敏漆

光敏漆属于不饱和聚酯树脂漆的范畴，但是光敏漆的优异性能使人们不再将其作为不饱和聚酯树脂漆的一个改性品种，而是一种新型涂料。

光敏漆又称为光固化涂料或 UV 涂料，涂层必须在紫外线照射下才能固化。近年来我国光敏漆的研制与应用发展很快，木地板生产企业几乎都有光敏漆的生产线。

光敏漆的基本组成主要有反应性预聚物、涂料树脂、活性稀释剂与光敏剂，另外根据需求可加入其他添加剂，如填料、颜料、流平剂、促进剂、稳定剂等。

用作涂料树脂的反应性预聚物（也称光敏树脂）是光固化涂料中最主要部分，它决定了涂料的性能。用不饱和聚酯作光敏树脂，原料价格低廉，漆膜光泽好，可以抛光，性能可以调节。

除不饱和聚酯外，也可采用丙烯酸环氧酯、丙烯酸聚氨酯等作为光敏树脂。

光敏剂也称紫外线聚合引发剂，当用紫外线照射光敏漆涂层时，光敏剂吸收特定波长的紫外线（一般为 200 ~ 400nm），其化学键被打断，解离生成活性游离基，起引发作用，使树脂与稀释剂中的活性基团产生联锁反应，迅速交联成网状体结构而固化成膜，这个过程在生产线上仅几十秒或几分钟就能完成。

一、光敏漆性能

光敏漆是一种无溶剂型漆，低毒，环境污染较小，不危害操作工人的身体健康。

光敏漆在使用中干燥快，使干燥装置长度大大缩短，既可减少设备投资，又有利于机械化、自动化连续流水线操作，还可节约厂房面积。

光敏漆装饰性好，由于涂层固化过程中基本没有溶剂挥发，固化的漆膜收缩小，干后漆膜表面丰满厚实、平滑光整，综合理化性能指标较好。

光敏漆也存在一些不足之处，如价格较贵，但是涂饰漆膜较薄，固化完全，省工、省时、省料，漆膜各项理化指标都有很大改善，提高了产品质量和使用价值，在一定程度上弥补了涂料成本较高的问题，所以大部分木地板企业皆采用光敏漆生产线。

光敏漆涂层不吸收紫外线部分的表面涂层不能固化，只适用于平表面的木地板，异型木地板只能采用喷漆等涂饰方式。

二、光敏漆的品种与使用时注意事项

按照组成成分不同，光敏漆分为丙烯酸环氧树脂光敏漆与丙烯酸聚氨酯树脂光敏漆两种类型。在木地板中使用最多的是丙烯酸聚氨酯树脂光敏漆。丙烯酸聚氨酯树脂光敏漆的固体分含量高达 95% 以上，涂层干燥、结膜迅速，在 3～5min 结膜，丰满厚实，光泽较高，硬度较硬，耐磨、耐化学性能较好，但是较脆，漆膜损伤后不易修复。

在实际操作中，必须按照使用说明书的比例正确调配施工黏度，搅拌均匀，不能直接加入稀释剂，过滤一定要干净，通常施工黏度控制在 20～40s（涂-4 黏度计），最佳为（24±2）s。

第六节　亚光漆

一、概述

不考虑化学成分组成，仅按所成涂膜的光学性质可将涂料分为亮光漆与亚光漆两大类，前者所成涂膜具有较高的光泽，后者仅有较低的光泽，甚至无光泽。

由于形成漆膜物质的树脂或油脂，在制成液体涂料时都是均匀的溶液或乳液，涂在木地板表面都能形成平整光滑的涂膜，因此，当光线照射在光滑的漆膜表面时，都能显示出高光泽的漆面，此种漆被称为亮光漆。只有当加入专门的消光剂时，才可以制成不同消光程度的亚光漆，因此可以这样认为，大多数亮光漆均可以有相应的亚光漆品种。亚光漆与亮光漆的主要区别为在涂料成分中是否含有消光剂。

漆膜光泽的差异决定表面反光的程度。当平整的表面正反射光的量越多，越可给人高光泽的感觉；反之，粗糙的表面漫反射（入射光线向各个方向反射）光的量越多，给人以光泽度越低的感觉。因此，亚光漆膜的低光泽就是利用消光剂的颗粒均匀地分布在漆膜表面，造成表面微观的凹凸不平，使入射光线强烈散射，致使漆膜低光泽。

二、亚光漆的性能与用途

随着国民经济的发展，人们生活环境的改变，室内装饰逐渐从亮光漆转向亚光漆，木地板表面装饰中尤为明显。它具有以下特点：

（1）亚光漆手感细腻滑爽，富有材质感，给人以典雅、古朴、含蓄、宁静、柔和、温馨的感觉。

（2）亚光漆无强烈刺眼的光泽，光照下不产生眩光，光泽柔和，类似于蛋壳，减少光线对眼睛的刺激。

（3）涂层干燥、结膜迅速，厚薄均匀，平整光滑。

（4）漆膜耐水、耐热、耐化学性能较好。

（5）不足之处是漆膜表面与其他物体相接触产生摩擦时，容易使突出的消光剂磨平，产生漆膜亮光的效果。同时，消光剂存在于漆膜表面，将导致漆膜强度降低，木纹清晰度和色彩明显降低。

三、亚光漆的品种与使用时注意事项

按照消光剂用量和消光程度，亚光漆可以分为全亚光漆与半亚光漆两种类型。

在木地板涂饰中，亚光漆使用较为普遍，大多数的亮光漆中都有相应的亚光漆。因此，在木地板企业涂饰中使用的有硝基亚光清漆、聚氨酯亚光清漆、PU 亚光清漆、UV 亚光清漆等品种。

在实际使用中应按照使用说明书的比例正确调配，并搅拌均匀；必须保证涂饰环境清洁，否则空气中的灰尘、颗粒、杂质会掉入漆液中影响漆膜平滑度。

第七节　水性漆与木蜡油

一、水性漆

（一）概述

水性漆指成膜物质溶于水或分散在水中的漆，不同于一般溶剂型漆，是以水作为主要挥发分的涂料，可用多种树脂制作。

目前常用的水性漆主要是水溶性漆与乳胶漆两大类型。树脂能均匀地溶解于水中形成胶体溶液的称为水溶性树脂，用于制作水溶性漆；以微细的树脂粒子团（粒子直径为 $0.1 \sim 10\,\mu m$）分散在水中成为乳液的称为乳胶漆。

水溶性漆一般由水溶性树脂与各种助剂等构成。乳胶漆的主要组成是聚合物乳液或分散体、成膜助剂、消泡剂、流平剂等，聚合物乳液一般由乙烯基单体在乳化剂、引发剂等助剂作用下经聚合反应制得。若制乳胶漆还需加入交联剂、增塑剂、消泡剂、增稠剂、成膜助剂、防霉剂等。

水是乳胶漆的分散介质，在制漆稀释和施工调整黏度时，都用水调制。但是此时的水需要使用纯净水，最宜采用软水或蒸馏水。硬水中的钙、镁离子会影响漆的稳定性。

（二）性能

水性漆有以下共同特点：

（1）用水作溶剂与稀释剂，价廉易得。

（2）水性漆无味、无毒，施工与生产中不污染环境，贮存或运输使用过程中无火灾与爆炸的危害。

（3）施工方便，水性漆可刷、淋、喷与辊涂，具有很好的流平性。使用的设备或工具均可用水清洗。

（4）水性漆的不足之处是漆膜耐水性差，耐腐蚀性能与光泽性皆不及同类溶剂型漆。因此，目前在木地板生产中应用还不普遍。

二、木蜡油涂料

木蜡油涂料是一种以天然植物油和蜡为基料，以食品级色漆为调色料的纯天然木质材料涂料。植物油主要采用亚麻籽油、苏子油、松油、梓油等油料。

木蜡油涂料的作用原理与上述各类涂料不同，不形成漆膜，而是通过木蜡油中的植物油渗透进木材内部，滋润木材纤维，而所含的蜡附着于木材纤维的表面，使木材表面润滑、耐磨、耐刮擦。

木蜡油涂料的性能具有以下特点：

（1）木蜡油组成成分都是天然环保材料，无刺激性气味，是一种完全无污染的涂料。

（2）装饰效果好，具有一定的持久性。

（3）涂饰表面不易出现泛白、皱皮、龟裂等缺陷。

（4）不足之处是不能采用机械化操作，一般以刷涂和擦涂为主。

第十二章　涂饰方法与涂饰工艺

第一节　涂饰方法

涂饰方法可分为手工涂饰与机械涂饰两种方式。

一、手工涂饰

手工涂饰是使用刷子、棉团、刮刀等手工工具，将涂料涂饰到木地板表面的一种传统涂饰方法。这种方法在 20 世纪 80 年代到 90 年代比较盛行，因为该时期流通于市场的木地板皆为白坯地板，经人工铺装于地面后才涂饰油漆。故在该时期实木地板表面涂饰全部采用手工涂饰方法。随着国民经济的发展，实木地板生产企业机械化程度越来越高，该种涂饰方法的应用逐渐减少。

二、机械涂饰

目前，木地板企业常用的机械涂饰，是指按照一定工艺操作规程，将涂料涂饰于木地板的表面，形成具有一定理化性能的涂层的工艺过程。它有喷涂法、淋涂法与辊涂法三种。

（一）喷涂法

喷涂法就是利用空气的气流将涂料雾化，在气流的带动下涂料雾化料迅速射向木地板表面形成连续完整的漆膜。常用的喷涂法有以下几种：

1.空气喷涂

空气喷涂是利用压缩空气的气流将涂料雾化粒迅速射向木地板表面，形成连续完整的漆膜。该方法的特点是：

（1）不受涂料品种和被涂地板形状限制，适应性强。

（2）漆膜质量好，均匀平滑。

（3）喷射效率高。

（4）不适宜黏度高的涂料。

（5）涂料损耗大，因在喷涂时雾化的涂料不能全部喷到木地板表面，部分落到空气中而造成损失，据测试涂料利用率为 50% ～ 60%。

2.无气喷涂

无气喷涂也称高压无气喷涂，是用高压泵直接给涂料加压，经软管送入喷枪，当高压涂料经喷枪嘴喷出时，涂料因失压体积剧烈膨胀，分散成极细的涂料微粒，喷到木地板表面，形成涂层。无气喷涂有三种：常温无气喷涂、加热无气喷涂和静电无气喷涂。该方法的性能特点如下：

（1）涂装效率比空气喷涂高，一支喷枪每分钟可喷涂 3.5～5.5m²。

（2）涂料利用率高，漆雾损失少。

（3）对涂料黏度范围适应广。

（4）由于不使用空气雾化，漆雾飞散少，减少对环境的污染。

（5）无气喷涂漆膜的表面精细度、手感和装饰性不及空气喷涂，一般只适宜用来喷底漆，不能用于面漆喷涂。

（6）无气喷涂没有涂料喷涂量和喷雾图形幅度调节机构，只能通过更换涂料喷嘴来达到调节的作用。

3. 静电喷涂

静电喷涂是利用电晕放电现象，将喷具接负极做电晕电极，而被涂木地板接地做正极，当两极接上直流高压时，被喷具分散的涂料微粒带负电，在电场力作用下，被吸引和附着沉积在地板工件表面形成涂层。其性能特点如下：

（1）涂料损失少，损失率为 8%～10%。

（2）涂饰质量好且稳定。

（3）能实现自动化涂饰，减轻劳动强度。

（4）操作人员必须控制喷射距离，当喷射距离过小时易引发火灾。

（5）对涂料和溶剂有要求限制，对形状变化大，如凹形、凸形大的木地板部位，难以获得均匀厚度的漆膜。

（二）淋涂法

淋涂法就是将液体涂料通过淋涂机上方的机头流出，落下形成流体薄膜（漆膜），然后让被涂的木地板由传送带载送，从漆膜下通过，木地板的表面就被淋上漆膜。其性能特点如下：

（1）涂饰效率高。由于涂饰的木地板在漆膜下在传送带上被传送通过，而传送带速度通常为 70～90m/min，涂饰效率高。

（2）涂料损失少。未淋到地板表面的涂料，可以循环使用。

（3）涂饰质量好。由于连续完整的漆膜厚度均匀，淋涂的地板涂膜均匀平滑，没有刷痕。

（4）淋涂设备简单，操作、维护方便。

（5）只适宜平表面和形状变化极小的工件。

（6）更换涂料品种时，清洗费时。

（三）辊涂法

辊涂法是先在辊筒上形成一定厚度的湿涂层，然后将湿涂层部分或全部转涂到木地板的表面上。其性能特点如下：

（1）涂饰效率高。

（2）涂料损失少。

（3）适应性强，可以采用各种黏度的涂料涂饰。

（4）涂层可厚可薄。

（5）只能涂平表面的木地板。

（6）对被涂的木地板表面厚度尺寸精度要求高，厚度偏差应小于 0.2mm。

第二节 涂饰工艺

一、木地板涂饰工艺

涂饰是通过地板表面去污、着色、砂光、涂饰涂料、涂层干燥固化成漆膜以及修饰等一系列加工，形成一层涂膜，使实木地板具有一定的色彩、光泽、质感等良好性能，从而延长实木地板的使用寿命。

实木地板涂饰是地板生产中的关键工艺，对使用性能与外观质量具有重要的作用。其不仅可以使地板表面显现自然典雅的材色、木纹以及优雅的光泽，而且也赋予地板一定的防潮能力，进而提升实木地板尺寸稳定性。其主要工序如下：

（一）选板

由于实木地板制作的原材料——木材有天然色差，有些木材特别明显，需要将机加工完成的企口实木地板进行分选，将色差较明显的木地板分别堆码，以便后续涂饰作业时适当着色，从而减少色差，同时也将不合格的地板挑出，以便重新加工。

（二）表面处理

将企口实木地板白坯面上微尘、木毛等杂物去除干净，确保后续工序顺利进行。

（三）长边喷涂

对实木地板长度方向的企口部位用 UV 涂料进行喷涂、固化，要求喷涂均匀。

（四）背面喷涂

为预防地面潮气从地板背面进入致使地板变形，必须对实木地板的背面进行涂饰，通常背板喷涂为本色处理（不加颜料）。

（五）精砂

实木地板表面用砂光机进行精砂，确定地板厚度，并清除地板板面污迹与毛刺等杂物，提高板面的光洁度与平整度，为后续表面涂装创造良好的涂饰条件。

（六）板面涂饰

板面涂饰是将实木地板正面和背面面漆与底漆进行多道涂饰。

二、光敏漆（UV 系）涂饰实例

实木地板采用的基材几乎皆是阔叶材，而阔叶材的导管在实木地板的面板上有细微沟槽，肉眼不明显，但是其沟槽的存在影响板面漆膜的平整度与光滑性，故在涂饰工艺中，必须采用腻子嵌补与底漆封闭。

（一）涂饰工艺

机加工后的实木地板白坯用砂光机砂光、嵌补腻子、定厚砂光→吸尘→着色→底漆第一道辊涂→紫外线固化→漆膜砂光→底漆第二道辊涂→漆膜砂光→淋涂第一道面漆→紫外线固化→湿砂磨→淋涂第二道面漆→面漆紫外线固化。

（二）主要工序说明

1. 基材处理

（1）白坯表面用腻子嵌补，局部用稠腻子腻平缺陷，用定厚砂光机全面砂磨，然后用吸尘机全面吸干净尘土。

（2）着色

通过海绵辊涂机将水性着色剂涂于板面，使木材的纹理更清晰，辅助提升木材对后续 UV 涂料的附着力。

2. 底漆涂饰

底漆通常涂饰两道：一道为附着力底漆，让 UV 面漆层与木材和水性附着剂之间有良好的附着力；另一道为耐磨底漆，含有氧化铝（Al_2O_3），增强抵抗外部破坏及摩擦能力，增加地板耐磨性，也提高地板的硬度。

3. 固化干燥漆膜

通过 3 支汞灯干燥，使漆膜全固化。

4. 砂光底漆

通过砂光机对底漆膜砂光，去除木刺和表面颗粒，使漆膜表面更为平整、光滑。砂带采用碳化硅材质，粒数为 P240、P320、P400 三种型号。

5. 涂面漆

根据实木地板不同要求淋涂 UV 面漆，面漆可涂耐刮擦透明 UV 漆，也可涂亚光漆，涂布量为 105 ～ 160g/m^2。

6. 紫外线固化

用 3 支紫外线汞灯固化面漆漆膜，传送速度可调到约 5m/min。

第三节　木地板涂饰的绿色环保要求

我们一生中有三分之二以上的时间生活在室内环境中，室内空气质量对我们的身体健康尤为重要。

室内空气污染已成为人类健康的一大杀手，影响室内空气质量的因素很多，也非常复杂，其中不合格的涂饰材料是室内的主要污染源，既直接影响木地板装饰效果、使用寿命，也关系到居住者的身体健康。

苯、甲苯、二甲苯等存在于大多数涂料的溶剂和稀释剂中，如醇酸树脂漆、聚氨酯树脂漆、苯乙烯等涂料。苯化合物已经被世界卫生组织确定为强烈致癌物质。涂料中的苯、甲苯、二甲苯等物质极易挥发，污染室内环境。人一旦吸入高浓度的苯、甲苯、二甲苯等有害气体，会引起头晕、恶心、胸闷、乏力、失眠、意识模糊、记忆力衰退等不良症状，还会抑制人体造血功能。为此，国家已经制定室内空气质量的国家标准，其中对于苯的控制标准是最高允许浓度为 $0.09mg/m^3$。

在涂料中掺入的颜料中含有可溶性的重金属，如铅、镉、铬、汞等有毒物质。这些有毒物质容易损害人的中枢神经系统、血液循环系统，导致慢性中毒，出现食欲不振、脸色苍白、接触性皮炎等症状。

为了有效控制有害物质对人体健康的危害，我国制定了《木器涂料中有害物质限量》（GB 18581—2020），对实木地板的可溶性重金属铅、镉、铬、汞提出了限量值要求。

《实木地板　第 1 部分：技术要求》（GB/T 15036.1—2018）中对可溶性重金属提出限量值要求：可溶性铅 ≤ 30mg/kg，可溶性镉 ≤ 25mg/kg，可溶性铬 ≤ 20mg/kg，可溶性汞 ≤ 30mg/kg。

根据木地板涂饰的环保要求，不仅要采用绿色涂料，而且应采用绿色涂装设备，并采用绿色涂装工艺。传统的涂饰方法，如刷涂、擦涂等，生产效率低，涂层厚度不易均匀，涂层干燥结膜时间也长，而且操作人员长时间处于污染环境中，危害身体健康，因此基本不采用这种涂饰方法。

在木地板生产企业中已采用经过国家环境标志产品认证（中国环境标志产品认证委员会）的无毒、无异味、无污染的涂料（绿色环保材料）——光敏漆，并采用相配套的光固化光敏漆涂饰生产设备，既减少有害气体释放污染工作环境，又实现了木地板涂饰的机械化、自动化连续流水线作业。但在实际生产中采用 PU 聚酯漆。实木地板的企口无法在光固化涂饰设备中实现时，只能采用气压喷涂设备完成。但是在喷涂过程中漆雾会飞扬，漆雾弥漫，污染环境，危害工人的身体健康。

目前我国已有高压无气喷涂设备和电动精密喷涂设备，这两种设备的喷涂效率高，飞散到空气中的涂料少，符合国家环境保护要求。

第十三章 实木地板常遇涂饰
缺陷及解决方法

实木地板在涂装过程中，常因对涂料性能掌握不全面、贮存使用不当、工艺操作不仔细、工艺设备调节不当以及施工环境条件不佳等原因造成涂饰中或实木地板使用中出现缺陷，这些缺陷不仅影响装饰质量，也影响实木地板的使用。

实木地板涂饰可采用透明清漆涂饰、不透明色漆涂饰两种方式，其中透明清漆涂饰居多，产生的缺陷有共性也有差异，下面分别叙述。

第一节 透明清漆涂饰缺陷及解决方法

一、起泡与针孔

起泡是指涂层干燥后，漆膜表面凸起大小不一的中空球状体的气泡。当气泡破裂或涂层打磨后则形成微小的圆洞，也称针孔。其产生原因与解决方法见表13-1。

表13-1 起泡、针孔产生原因与解决方法

产生原因	解决方法
环境温度过高，湿度过大，气候潮湿	控制工作环境温度、湿度，酌量加入消泡剂
①木材含水率过高，潮气透入漆膜，水分受热蒸发，向外挤出木材表面； ②木材中含有沉积物； ③木材表面砂磨不充分，有木毛、木刺	①进行木材干燥，地板板面含水率控制在12%～18%； ②去除木材中沉积物或点涂腻子封闭； ③认真砂磨去尘
①涂料黏度过高； ②溶剂或稀释剂使用不当或用量过多，挥发过快	①按照产品说明书比例调配； ②酌量加入环己酮等强溶剂
涂层尚未干透，急于涂后一道涂层，虽然漆膜表面已经干燥，但稀释剂未完全蒸发，将表层漆膜顶起	控制涂层间隔时间
喷涂作业时，喷涂压力过大，喷嘴距离物面过近，喷涂过厚	按照涂饰工艺要求调节喷涂压力；喷嘴距离物面不超过250mm
刚涂饰完的新漆膜尚未干透，就将其置于温度过高的环境中进行干燥，或直接受日光暴晒，溶剂受热继续向外加速挥发，管孔内气体将表层漆膜顶起	正确调节涂层干燥室的温度，新漆膜不能受到日光暴晒

根据生产实践，遇上述情况，待涂层干透后可用木砂纸或铁砂纸用力砂磨平滑，复补腻子，再均匀补喷面漆。

二、咬底

咬底是指后一道涂料中的溶剂将前一道漆膜（底漆膜）软化、膨胀、起皮成皱皮状咬起。其产生原因与解决方法见表 13-2。

表 13-2　咬底产生原因与解决方法

产生原因	解决方法
①前后两道漆不配套； ②上层使用强溶剂的漆（如下层是油性漆，上层为硝基漆），在强溶剂的作用下将油性漆膜侵蚀咬起	①前后两道漆配套； ②喷涂作业时底漆应该用附着力较好的醇酸清漆
底漆未完全干燥就涂面漆	控制涂层间隔时间，待前一道涂层干透后，再涂饰后一道涂层

三、泛白

泛白是指在透明清漆涂饰过程中，大气中的潮气、水分进入涂层，使漆膜表面浑浊或光泽减退，甚至出现白色光泽的现象，是涂料在涂饰前后所发生的一种病态，常见于挥发性涂料，如硝基清漆的漆膜表面。其产生原因与解决方法见表 13-3。

表 13-3　泛白产生原因与解决方法

产生原因	解决方法
天气潮湿，环境湿度大，硝基漆施工时，组分中的低沸点溶剂挥发快，溶剂挥发吸热，使漆膜表面迅速降低至露点，水蒸气凝结成为水分，而水分与溶剂不相溶，进入涂层产生乳化，形成白雾状凝结在漆膜表面，使漆膜中的树脂或高分子聚合物部析出，变成白色半透明的膜层。对于这种现象，硝基清漆等快干挥发类涂料最为敏感	①调节空气温湿度； ②使地板表面温度大于或等于室温； ③适当加入防腐剂
地板表面潮湿或工具中带有大量水分	保持板面干燥，认真清除工具中的水分
喷涂作业时，喷涂设备上无油水分离器或失效，汽缸中积水过多，水分带入漆液中	随时检查油水分离器是否工作正常，不能漏水

根据实践经验，遇有此类缺陷时，一种方法是可以将实木地板放置在 15～36℃下干燥，或将地板放置在红外线灯下干燥，再用黏度较低的硝基清漆加入少量的防潮剂调和，最后均匀补喷一道面漆，泛白现象自然会消失。

另外一种方法是，待涂层干透后，用电熨斗垫着毛巾熨一下，泛白现象也可消失。

四、木纹不清晰

木纹不清晰（俗称浑浊）是指用透明清漆涂饰时，清漆的透明性较差，纹理不能清晰地暴露出来，显现出浑浊不清的现象。其产生原因与解决方法见表 13-4。

表 13-4　木纹不清晰产生原因与解决方法

产生原因	解决方法
在环境温度过低、湿度过高的恶劣条件下操作，致使漆膜纹理不能清晰显现	改善操作环境，在恶劣环境下不宜进行涂饰操作
底漆中加入的填料成分过多，造成地板表面纹理显现不清晰	底漆选择固体分含量高、黏度低、透明度高的材料
涂饰时底面擦拭不干净	填充剂树脂含量不宜过高，避免干燥过慢影响涂饰
填充剂品质不佳，树脂填料含量多，渗透性差	选用的填充剂要求填充性好，黏度合适，待鬃眼填满后，再顺木纹擦拭
木材材质过杂，质地不均匀，材色深浅不一，节子、鬃眼过多，导致着色不均匀	对于材质不同，应选择不同方法进行染色，力求达到均匀一致
清漆中含有水分、杂质等，且放置在过冷的地方，导致漆液冷冻，成膜物质析出，透明度差	选择优质漆，不能放置在过冷处，如果经过涂饰试验，对漆膜无影响，可以继续使用

五、橘皮

橘皮是指涂层干燥后，漆膜表面不干净，呈现许多半圆形状凸起，类似于橘子皮疙瘩的形状，严重影响地板漆膜表面的美观。其产生原因与解决方法见表 13-5。

表 13-5　橘皮产生原因与解决方法

产生原因	解决方法
环境温度过高，通风过强	避免高温操作，控制干燥室通风量
固化剂加入过多，双组分聚氨酯树脂漆过早开始固化	按照说明书适当调配比例，加入适量固化剂或调换固化剂
涂料黏度过稠，稀释剂用量过少，稀释剂质量不佳	调节施工黏度，加入适量流平剂或调换稀释剂
板面不干净，有蜡、油等杂物	板面清扫干净
层间间隔时间过短，前一道漆膜未干透，后一道涂层中的强溶剂溶解前一道未干透的漆膜，将其咬起形成橘皮	适当延长最后几道涂层涂刷间隔时间，待前道漆膜干后再涂饰下一道漆
喷涂作业操作时，喷嘴口径过小，喷嘴压力过大，喷嘴距离物面过近，漆雾不良	熟练掌握喷涂操作规程，按照涂饰工艺调整喷嘴工艺和压力，喷嘴距离物面应控制在 15～25cm

根据实际操作经验，遇有橘皮现象，可以用水砂纸将凸起部分磨平，凹陷部分抹平腻子，再涂饰一遍漆层。

六、回黏

回黏（俗称发黏）是指涂层干燥后，已经超过规定的干燥期限，但涂层尚未干透，漆膜仍然黏手；或漆膜冬季干燥平滑，而在夏季又产生黏着现象。其产生原因与解决方法见表13-6。

表13-6　回黏产生原因与解决方法

产生原因	解决方法
环境温度过低，不通风	控制干燥室的温度和湿度
地板表面未清扫干净，残留油污、蜡等就开始涂饰面漆，在涂层干燥过程中这些残留物慢慢向漆膜渗透，影响漆膜干燥，形成漆膜慢干，甚至回黏	在涂饰漆膜时，必须彻底清除地板表面残留物，最好在木材表面涂饰虫胶漆，进行彻底封闭
涂层过厚，且受到日光暴晒，使底层漆膜长期不能干燥	控制每道表漆涂层厚度，不能在日光下暴晒
第一道漆膜未干透，就急于涂饰第二道面漆，使溶剂不能彻底挥发	待第一道漆膜干透后，再涂饰下一道漆
配比关系不当，底漆涂层干燥慢于面漆干燥	按照产品说明书的比例调配

根据生产实践经验，用铲刀清除漆膜，再用旧布或棉纱蘸上酒精或丙酮彻底清除油脂和其他杂物，复补腻子，然后再补喷面漆。

七、裂纹

裂纹（俗称龟裂）是指涂层干燥后，面漆的伸缩与底漆不一致，使漆膜表面出现粗细不均的裂缝，裂缝大而宽阔，漆膜破裂，但是尚未透到底漆，类似于龟背纹或松叶状的细小裂纹的现象，严重影响漆膜的美观。其产生原因与解决方法见表13-7。

表13-7　裂纹产生原因与解决方法

产生原因	解决方法
涂饰场地环境发生骤变	调节工作环境温度，掌握气候变化
板面中内含沉积物，如油脂等，未彻底清除或封闭，日久渗出漆膜，造成局部龟裂	做好白坯地板预处理，将沉积物铲除或用封闭漆做封闭处理
底漆未干透就涂覆面漆，或第一层面漆过厚未干透就涂第二层漆，使两层漆内外伸缩不一致	第一层漆干透后再涂第二层漆，漆厚度相接近
白坯地板含水率过高，干燥过程中已有微裂	白坯地板含水率严格控制在18%以下
催干剂用量过多，促使漆膜老化过快	注意催干剂与涂料配套使用

八、剥落

剥落是指涂层干燥后，漆膜开裂失去应有的黏附力，产生局部剥落脱皮，甚至整张漆膜从下层分离揭皮的现象，严重影响漆膜美观。其产生原因与解决方法见表13-8。

表13-8　剥落产生原因与解决方法

产生原因	解决方法
操作环境温、湿度变化大，气候潮湿导致水汽凝聚	控制操作环境温、湿度的变化
木材含水率过高，木材中含油脂过高，表面不干净，含油污、灰尘、蜡质等微物	木材含水率控制在18%以下，涂饰前保证木材表面干净无污物
底漆硬度过硬	选择配套底面漆
底层过于光滑，底漆与面漆附着力差	选择附着力、润湿性较好的底漆
底漆未干透就急于涂面漆，影响面漆的附着力，下层漆膜伸张收缩使漆膜胀裂	一定待底漆干后再涂面漆

根据生产实践经验，待涂层干透后，用木砂纸砂磨平滑，复补腻子，再均匀喷涂面漆。

第二节　不透明色漆涂饰缺陷及解决方法

不透明色漆在涂饰实木地板时，常遇的缺陷有露底、皱皮、失光、渗色、色差、起粒、变色、粉化、起泡、咬底、针孔、橘皮、回黏、裂纹、剥落等。其中起泡、咬底针孔、橘皮、回黏、裂纹、剥落与透明清漆缺陷产生原因类似，解决方法基本相同，这里不再重复。

一、露底

露底（俗称露白），是指在不透明色漆涂饰中，色漆的漆膜不能均匀地遮盖底层色彩的现象，常见于涂饰实木地板的边缘棱角和企口部位。其产生原因与解决方法见表13-9。

表13-9　露底产生原因与解决方法

产生原因	解决方法
颜料用量不足，色漆的遮盖力差	选择遮盖力好的色漆
色漆中加入过量的稀释剂，出现沉淀，使用前未搅拌均匀	不能加入过量的稀释剂，涂饰时搅拌均匀

产生原因	解决方法
底漆色彩比面漆深，且面层涂层过稀薄	不能加入过量的稀释剂，保持面层合适的厚度，底层色彩浅于面层
喷枪的移动速度不均匀，使面漆膜不能均匀地黏附在底漆上	提高喷涂水平

二、色差

色差（俗称色彩不均匀）是指涂层干燥后，漆膜色彩与样板存在差异或整体产品不同部位存在差异，或整批产品的某些部位存在差异的现象。其产生原因与解决方法见表13-10。

表 13-10　色差产生原因与解决方法

产生原因	解决方法
地板板面材色深浅不一，节子过多，板面有油迹、松脂等，没有彻底清除，且板面的某些部位没有进行涂前色差处理，使板面对色液的吸收量不一致	板面发现色差较严重，可以进行漂白或染色处理，使涂饰前颜色基本相似，特殊情况可以做修色处理
用两种以上的色漆进行调配，且贮存时间过长，颜料下沉，使上部漆液色浅、下部色深，使用时未搅拌均匀	使用时充分搅拌均匀
腻子色彩与底色差异大，腻子色深，底色浅	根据底色色彩调配腻子

根据生产实践经验，涂饰作业的每一道工序都应该经常与样板色彩进行对照，自然光线下统一对色，及时调整色差。

三、失光

失光（俗称光泽低）是指涂层干燥后随着时间推移，漆膜光泽逐渐降低（发晦）或部分消光，或显著消失，甚至无光的现象。它是在涂膜成形后或使用中出现的缺陷。其产生原因与解决方法见表13-11。

表 13-11　失光产生原因与解决方法

产生原因	解决方法
操作室环境温度过低，空气潮湿，有水蒸气凝聚	阴雨天气不宜涂饰或涂饰面漆时人工控制温度在15～35℃
木材表面沾染水分、油污等；砂磨不平，板面粗糙	不能有污物，处理板面表面
颜料过多，油料过少，漆液中混入煤油、柴油	选择优质涂料，漆液中切忌混入煤油等油
防潮剂过多	控制防潮剂用量，重新进行调配

产生原因	解决方法
面漆过度稀释，涂层过薄，漆液渗入管孔中被底层吸收	漆液不能过度稀释，适当增加涂层遍数和厚度，涂层薄厚均匀
喷涂作业时，空气压缩机上无油水分离器或装置失效，水分凝入漆液	安装油水分离器，将压缩空气过滤干净

根据生产实践经验，待涂层干透后，可以用水砂纸蘸上肥皂水用力砂磨平滑，湿布擦净，彻底晾干，再均匀补喷一道面漆。若采用硝基色漆，可在最后一道色漆中加入10%～20%的硝基清漆，也可增加漆膜附着力和光泽。

四、浮色

浮色（俗称发花）是指不透明色漆涂饰中，颜料分层离析造成干漆膜与湿漆膜色彩产生差异的现象。它是在涂料成膜后产生的一种缺陷。其产生原因与解决方法见表 13-12。

表 13-12　浮色产生原因与解决方法

产生原因	解决方法
混合料中各种颜料密度差异过大	加入适量的甲基硅油
未将已沉淀的颜料搅拌均匀	充分搅拌均匀
涂料工具刷毛过粗、过硬	选择合适工具

五、渗色

渗色（俗称咬色）是指不透明色漆涂饰过程中，面漆将底漆膜溶解软化，底漆色漆渗透到面漆漆膜上的现象。它是涂料在成膜后产生的一种缺陷。其产生原因与解决方法见表 13-13。

表 13-13　渗色产生原因与解决方法

产生原因	解决方法
板坯材料中含色素、树胶等抽提物，如果未涂饰封闭底漆，在高温下或时间较长后，该抽提物会从底漆渗出到面漆	清除板坯材料中的抽提物，节子处用虫胶漆点涂2～3次，或涂封闭底漆
底漆中采用某些有机颜料，如酞青绿、酞青蓝	选择无机颜料，或采用抗渗性好的有机颜料
底漆上涂饰强溶剂面漆，强溶剂溶解底漆漆膜	选择配套底面漆
底漆色彩深，面漆色彩浅，尤其是采用喷涂作业，底漆含有有机颜料	面漆色彩选择要比底漆深

六、变色

变色是指涂层干燥后，在使用过程中产生漆膜色彩变深或变浅，甚至泛黄的现象。它是涂料在成膜后或使用过程中常出现的缺陷。其产生原因与解决方法见表 13-14。

表 13-14　变色产生原因与解决方法

产生原因	解决方法
板面使用漂白剂漂白，漂白剂清洗不干净	将板面漂白剂清洗干净
色彩调配不均匀，或遭受其他色彩污染，或采用白漆、白色颜料质量不佳	选择优质色漆，认真调配色漆
PU 聚酯透明底面漆中含有硝化棉成分	选择耐黄变的 PU 聚酯漆
聚氨酯树脂漆或 PU 聚酸漆中含有 TDL 成分	选择优质涂料
日光直接照射漆膜表面	将地板块放置在日光不直接照射的位置贮存

第十四章　配件

第一节　连接件

一、连接件作用

实木地板在铺设过程中，为遮盖因室内环境干湿度变化时，湿胀预留的缝隙与高低差异的过渡，通常采用连接件进行解决。

铺设时遇见下列情况时，必须采用连接件：

（1）地板长度超过 8m 时，必须隔断留缝隙，再铺设；

（2）两种不同材料的地面装饰材料相衔接处；

（3）相邻房间地板铺设方向不同相衔接处；

（4）地板与各式固定家具或其他物件相衔接处；

（5）地面装饰材料相接处有微小坡度；

（6）室内楼梯与地板相衔接处。

连接件常用木质、铜、聚氯乙烯、铝合金等材料，其中铝合金材料尤为多。因此，下面仅介绍以铝合金为主的金属材料连接件。

二、金属材料连接件分类

（一）按颜色分

连接件有本色、白色、黄色氧化处理以及高级镀钛处理。

（二）按长度分类

有 900mm、2700mm 两种标准以及用户定购的规格。

（三）按功能分

有平口条、高低扣条、收口条等。

1. 平口条

平口条作用如图 14-1 所示，应用于下列几种情况：

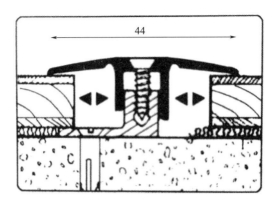

图 14-1 平口条

（1）实木地板与其他地面装饰材料相衔接处；

（2）相邻房间实木地板铺设方向不同，无法相接；

（3）房间过长过宽，铺设实木地板宽度方向 ≥ 6m，长度方向 ≥ 15m 时，隔断处理留伸缩缝；

（4）每个门扇下皆要留伸缩缝。

平口条形状如 T 字形，故亦称 T 形平口扣条。

2.高低扣条

高低扣条如图 14-2 所示。

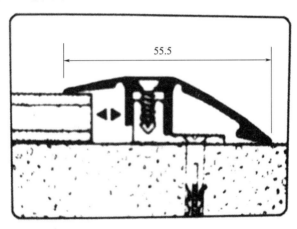

图 14-2 高低扣条

高低扣条也称过渡扣条，当两个房间采用的地面装饰材料不同、高度不同时，可采用高低扣条进行过渡。如客厅采用大理石地面装饰材料，卧室采用打龙骨铺设的实木地板，其厚度不一致，相衔接处有高低差别，此时就可采用高低扣条过渡。

3.收口条

收口条如图 12-3 所示。

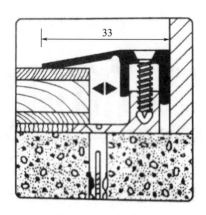

图 14-3　收口条

收口条也称贴靠扣板，主要用于以下两种情况：

（1）地板铺到墙边或其他障碍物旁时，墙和地板间必须留有缝隙，当留的缝隙大于踢脚板厚度时，踢脚板无法盖住缝隙。

（2）阳台、浴室采用推拉门无法装贴脚板时。

三、连接件质量标准

（一）尺寸

所有种类的金属配件尺寸都要精度高、配合严密、外形尺寸公差 ±0.5mm。

（二）外观

（1）本色外观要求光洁、明亮，在同一批量中不允许有明显色差，无划痕，无缺损，锯切断面整齐，光洁无毛刺。

（2）表面氧化处理的金属件呈现金黄色，外表光洁明亮。在同一批量中不允许有明显色差，无划痕，无缺损，端面整齐，光洁无毛刺。

（3）纸盒 PVC 包装。包装盒上要标注产品名称、规格、型号、数量。

四、安装方法

（1）在铺设实木地板前应根据铺设情况选择相应功能的连接件与数量。

（2）安装连接件底座时，底板上的螺纹孔应用电锤打眼，钻头尺寸应与安装的膨胀螺丝相匹配。

（3）扣合安装时，采用的紧固件颜色应与面板表面颜色一致或相和谐。

第二节 踢脚线

一、概述

踢脚线又称踢脚板，是用于室内墙体和地板连接处的条状材料。

实木地板在铺设过程中，为避免室内干湿度变化，致使铺于地面的实木地板受潮后湿胀而引起起拱的不良现象，实木地板铺到墙边时，必须预留 8 ～ 12mm 的伸缩缝。

伸缩缝的预留将有损于室内整体装饰美观，因此在墙的下沿与木地板端头或侧边处采用 12 ～ 15cm 宽的踢脚线将缝隙遮盖。这样既可为单调的墙体增添线条和色彩，同时也遮盖住伸缩缝。

目前市场上销售的踢脚线有以下分类：

（一）按材料分类

踢脚线按材料可以分为实木踢脚线、浸渍纸贴面人造板踢脚线、聚氯乙烯踢脚线、铝合金踢脚线。

1. 实木踢脚线

实木踢脚线是用实木通过铣刀切削加工使表面具有不同线条组成的条状花纹，或纯平面状踢脚线。企业常用杨木、柏木、椴木、水曲柳、榆木等材种制作成实木踢脚线。

2. 浸渍纸贴面人造板踢脚线

浸渍纸贴面人造板踢脚线表面采用各种图案的印刷纸，有木纹、石材等图案，基材采用密度刨花板，此种踢脚线价格低于实木踢脚线，多用于强化木地板铺装。

3. 聚氯乙烯踢脚线

聚氯乙烯踢脚线（PVC 踢脚线）俗称塑料踢脚线，是由聚氯乙烯材料压制而成，表面印有模拟木纹的色泽和花纹、图案，色泽柔和逼真，具有木材的真实感。

4. 铝合金踢脚线

铝合金踢脚线是由铝合金材料制作而成，特点是材质轻，但是色泽和表面图案相对上述几种踢脚线单调，但耐用，20 世纪 90 年代风靡一时。

踢脚线现在采用前两种的较多。

（二）按规格分类

踢脚线按规格可以分为窄型与宽型。

1. 窄型

长 × 宽 × 厚为 2400mm × 10mm × （10 ～ 20）mm。

2. 宽型

长 × 宽 × 厚为 2400mm × 15mm × （10 ～ 20）mm。

二、踢脚线安装

1. 直接粘贴法

直接粘贴法是用地板胶在墙下以点粘胶的方法粘贴踢脚线，粘墙上的胶距为 40～50cm。

2. 钉子固定法

钉子固定法常采用两种方法，一种是楔子法，另一种是水泥钉直接钉入墙内。

第三节　毛地板与地垫

一、毛地板

毛地板是确保地板铺装基础严整的板材，铺设于木地板和木龙骨之间，也可直接铺设于水泥地面。

（一）常用的毛地板

1. 实木

经过干燥的实木板块技术要求：含水率≤当地平衡含水率；厚度均匀一致，误差≤±（0.1～0.2）mm，厚度宜采用10～15mm；树种方面，针叶材与阔叶材皆可，但针叶材居多，常用的材种有落叶松、白松、红松、杉木。阔叶材如桦木、水曲柳、榆木、楸木等材种，必须无腐朽与虫蛀。

2. 人造板

通常采用多层胶合板、中密度纤维板或机拼的细木工板、刨花板。其中多层胶合板与细木工板应用居多。

（二）铺设方法

毛地板铺设常采用两种方法：一种是地板直接垫底法；另一种是龙骨毛地板铺设法。

1. 铺设时注意事项

（1）在采用龙骨毛地板铺设时不得用整张人造板，宜锯成1.2m×0.6m或0.6m×0.6m的板材。

（2）毛地板铺装时应留有5～10mm间隙，若与墙面或其他固定物相遇时应留有8～12mm间隙。

（3）毛地板固定在木龙骨上时，其钉距不得大于350mm。

2. 铺设工序详见第五篇第十五章，在此不再重复。

二、地垫

（一）地垫作用

地垫是指平铺在实木地板下面起缓冲、降噪和防潮作用的材料。虽然在制作成实木地板的加工过程中，采用了一系列工艺，如高温、高湿干燥工艺，使木材干缩湿胀的天然属性得到很大改善，但是它还会随着环境的干湿度变化而胀缩。为此，在铺设时采用相应的措施如在水泥地面上铺设一层具有一定厚度的地垫来隔绝地面潮气，以达到地板不被潮气侵入，同时还能适当调整凹凸不平的目的，为此实木地板无论采用哪种铺设方法（胶粘法除外），皆采用地垫，特别是用悬浮铺设法铺设实木地板时，尤为重要。

（二）地垫种类

在铺设实木地板时常采用以下几种地垫：

1. 铺垫宝

铺垫宝是以聚苯乙烯为主要原料加工而成的挤塑泡沫板，具有致密的表层和闭孔结构的内层，没有空隙，呈蜂窝状，物理性能见表 14-1。

表 14-1　铺垫宝物理性能

项目	单位	参数
压缩强度	kPa	> 250
传热系数	W/（m² · K）	0.03
尺寸变化率	%	< 1
水蒸气透湿系数	mg/（Pa · mm² · s）	< 2
吸水率	%	< 2
弯曲负荷	N	> 35
氧指数	%	> 30
垂直燃烧性	mm	< 250
燃烧高度	mm	< 33

特点：

（1）不吸水，不腐蚀、腐烂，防霉隔潮，当铺垫宝铺在地面时，将水泥地与实木地板隔开，地面所散发的潮气将有效地被阻隔在铺垫宝的背面，这样显著解决了实木地板因受潮尺寸变化而引起的变形、开裂、起拱等后顾之忧，对高层建筑底层居室与平房进行实木地板铺设时，尤为重要。

（2）蜂窝状内层结构更适合实木地板采用，悬浮铺设时富有弹性，脚感更好。

（3）可适当调节地面的平整度，为实木地板悬浮铺设时采用铺垫宝达到平整度提供良好的基础。

（4）不怕重压，保温、吸声、隔热性好。

（5）铺设简单方便，用户可以自己动手铺设。

铺垫宝的较明显的缺点是价格较贵。

2.其他种类地垫

（1）圣象牌黑珍珠

圣象牌黑珍珠是三层结构，上层与下层皆是微型的聚氯乙烯薄膜，中间层为橡胶垫层，具有隔声、隔噪、防潮的作用，呈卷状。

（2）聚乙烯薄膜

聚乙烯薄膜是悬浮式铺设时必须采用的防潮膜，它的特点是薄而透明，而且可卷起，所以在使用中可将地面全面复盖又可贴墙平压在贴脚板，让潮气从贴脚板缝隙散发到大气中。

（3）泡沫地垫、橡胶地垫、人造革地垫

泡沫地垫、橡胶地垫、人造革地垫皆呈卷状，其性能都可防潮、隔声、减振。

第四节　龙骨

龙骨是指在铺设中用于支撑实木地板的条状材料，有木质、铝合金与聚氯乙烯龙骨，其中木质材料制作的龙骨在铺设中应用最为古老，也最为普遍。其他两种材料制作的龙骨虽然都具有不易腐蚀、不易变形等优点，但因实木地板的自然属性随室内环境干湿度变化，实木地板尺寸有微量尺寸变化，两种材料不能适应，尤其是铝合金材料的龙骨逐渐跳出人们的视野。

一、木龙骨

木龙骨在江浙沪等地区称木格栅或木骨架，是实木地板龙骨铺设中应用最广泛的一种龙骨。

（一）木龙骨材种与技术要求

1.材种

针叶材与阔叶林皆可采用，通常针叶材中落叶松、辐射松、东北松、白松应用较多。阔叶材常用的材种有杨木、榆木等。

2.技术要求

（1）含水率≤当地平衡含水率；

（2）材质无腐朽、虫蛀，平直，握钉性能好。

3.规格

厚度≥25mm，宽度≥35mm，长度不限。用于特殊场合的木龙骨（如体育馆、舞台等）铺设，必须进行防腐、防蛀处理。

（二）木龙骨铺设时注意事项

（1）固定木龙骨不得采用含水建筑胶与水泥。

（2）木龙骨间距≤ 350mm。

（3）相邻两排木龙骨端头接缝位置应错开 30mm 以上。

二、聚氯乙烯龙骨

聚氯乙烯龙骨结构经过几代同仁不断研究、试用、改进，已完善到至今的结构（图 14-4），该结构的龙骨命名为"魔卡 1 号"，因具有以下特点，获得市场认可：

（1）龙骨安装不用粘胶与上钉，简单快捷。

（2）龙骨不易腐蚀，不易变形，环保耐用。

（3）用此龙骨铺装的实木地板拆装、重装、维护方便。

（4）龙骨结构设计合理，铺装后的实木地板能达到严丝合缝。

图 14-4　"魔卡 1 号"龙骨

第五篇

实木地板铺装与营销

第十五章 实木地板铺装

第一节 概述

一、铺装重要性

实木地板被运送到消费者指定地点，经过客户对实木地板批号、材种、颜色、规格、表面涂饰质量核对、验收、签字后，营销人员应该热情而简练地向消费者介绍铺装和维护的要点。

实木地板是半成品，也是耐用品，只有通过铺装工人铺装成片，使实木地板成为完整的产品，才能使消费者感受到脚感舒适以及视觉的美，正如在商场买布料一样，只有经过裁缝精细的裁剪才能穿在身上欣赏美感。因此，铺装是实木地板后续的重要工序，是显示实木地板质量上乘与否的重要环节之一。

质量上乘的实木地板若不严格按照规范施工，铺装后会留有隐患，在保修期间，问题可能会层出不穷，更有甚者，刚铺装完，就不能验收；反之，良好的铺装施工可使有瑕疵的实木地板质量得到提升。

屡见不鲜的实例告诉我们必须重视铺装，铺装亦是促销产品的重要途径之一。

为此，公司必须不断地对铺装工人进行教育和培训，提高工人的素质和铺装技术，使其深知自己的职责，而自己是企业品牌最有效的形象宣传，要树立铺好一家、影响百家的正确理念，这样才能使本公司的品牌誉满全市。

二、铺装管理

（一）铺装

铺装与售后服务两者紧密相连，企业将铺装和售后都归属于工程部统一管理。其管辖内容如图 15-1 所示。

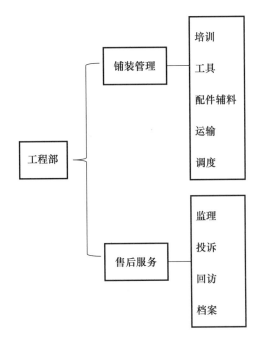

图 15-1　铺装管理

（二）铺装工人准则

铺装工人在工地铺装时直接与客户面对面接触，实际上体现了企业的形象，因此铺装工人必须做到"一二三四"规范。

一证：上岗证，通过工程部技术培训、考核达到及格标准后发上岗证。上工地必须将上岗证挂在胸前，若有违规，收回上岗证。

二严：严格实施铺装工序；严格按照国标完成铺装验收标准。

三齐：外表整齐，铺装工地必须穿工作服；工具齐；配件和辅料携带齐。

四不准：不准在工地做与铺装无关的事；不准在铺装工地现场抽烟；不准收取客户钱、物；不准说与铺装内容无关的话。

（三）铺装工具

业内人士有流行语"七分工具、三分技术"，可见工具的重要性，铺装工人必须携带以下工具到工地。

测试工具：含水率测定仪、2m 靠尺或水平仪、测温仪（地热地板铺装时携带）、钢板尺。

电动工具：电锤、手枪钻、电锯。

手工工具：手锯、钢卷尺、螺丝刀、橡皮槌、手工刨。

特殊工具：拉紧搬钩、锯齿刮刀（胶粘铺装用）。

（四）铺装前检查

1.两个"认可"

（1）地板材种、规格、数量、色泽、板面质量与客户共同检查认可。

（2）铺装方法、铺装方向、铺装工序得到客户认可。

2.执行五个"不铺"

（1）墙体漏、湿，地面不干，不铺！

（2）强制使用劣质配件与辅料，不铺！

（3）工期过短，无法实施规范施工，不铺！

（4）混合施工，不铺！

（5）实木地板铺装后板面有色差，没有保持绝对水平，不铺！

第二节 龙骨铺装法

实木地板铺装的方法有龙骨铺装法、胶粘铺装法、悬浮铺装法、毛地板垫底铺装法、毛地板龙骨铺装法，其中龙骨铺装法、胶粘铺装法、悬浮铺装法最为普遍，在实木地板铺装中木龙骨铺装法最受消费者喜爱。

一、概述

木龙骨铺装法在业内特别是装饰公司中又被称为木格栅或木框架铺装法，是实木地板铺装中最传统的铺装方法，特别是在江南地区，无论是高级住宅还是棚户区铺的木地板几乎都用木龙骨铺装法。

之所以深受消费者喜爱，是因为该方法铺装的地板脚感舒适，富有弹性，而且防潮性能好，铺装时也不受实木地板规格限制。

木龙骨铺装方法又分为架空铺木龙骨铺装法（图15-2）与空铺木龙骨铺装法（图15-3）两种。架空铺木龙骨铺装法（架铺法）就是通常铺装的木龙骨铺装法；空铺木龙骨铺装法（空铺法）是指将木龙骨（木格栅）架空格置于两端墙上，若房间或场地的跨度较大，可在房间中间设置地垄墙或柱墩以支撑木龙骨。

图15-2 架空铺木龙骨铺装法

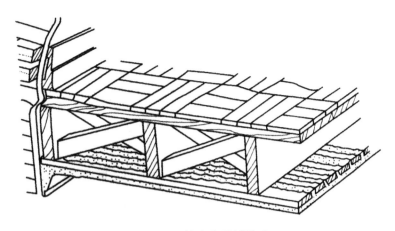

图 15–3　空铺木龙骨铺装法

空铺木龙骨铺装法的特点是木地板离地距离远，这样便于在实木地板的下面安装通风道，使地面保持干燥，通常适用于湿度变化大的南方城市，如上海以前建造的办公大楼、高级别墅，大多采用空铺木龙骨铺装法，又如北京的工人体育馆、奥林匹克体育馆以及人民大会堂宴会厅等也都采用该铺装法。

空铺木龙骨的规格大于架铺的木龙骨，规格是宽 × 厚 = （50 ～ 60）mm×（100 ～ 200）mm。

二、木龙骨铺装法

（一）前期准备

1. 与用户沟通确认

（1）为避免交叉施工对地板造成损坏，应与用户沟通并确认隐蔽工程、吊顶工程、墙面工程、水电工程已完工，然后才能进行实木地板铺装。

（2）铺装单位提供合同与验货单，让用户根据验货单的项目进行检验，并签字确认。

①地板包装和标识验收

地板应包装完好，包装箱中应有产品质量合格证，包装箱上印有或贴有清晰的中文标识，如生产厂家、产品名称、执行标准、规格、木材名称等。

②地板产品验收

要求用户核对所购地板材种、颜色、规格和数量，是否与签订合同相一致。

③地板产品质量验收

要求用户随意抽包打开包装箱，观看漆面是否平滑饱满，有无缺损。

2. 地面条件检查

（1）地面平整度检查

用 2m 靠尺检验地面平整度，靠尺与地面的弦高应 ≤ 3mm，墙面同地面的阴角处在 200mm 内应相互垂直、平整，凡地面平整度不合格的，需要对低凹处补平，对凸起过高的区域进行削磨处理以达平整。

（2）地面含水率

地面含水率≤ 20%，地面含水率超标应进行防潮处理，如表面涂防水涂料等。

（3）检查铺装区域与水源接触是否有渗漏

铺装实木地板的区域应有效隔离水源，防止厕所、浴室、厨房、暖气管道等区域向铺装实木地板的居室渗漏。

3. 材料准备

测量并计算地板、木龙骨、防潮地垫、踢脚线和扣条数量。

（1）木龙骨

大多数木龙骨材种选用针叶材、落叶松、白松等。其规格为宽 × 厚 =（35 ～ 40）mm ×（25 ～ 30）mm，含水率≤ 12%，8% ～ 10% 为最佳。

（2）实木地板数量

实木地板数量为铺设总面积 +5% 余量。

（二）施工要点

1. 铺装顺序

木龙骨干燥处理→铺装木龙骨位置划线→木龙骨铺垫及固定→防潮处理→实木地板面层铺装。

2. 铺装木龙骨

（1）根据用户要求确定实木地板铺装方向后，确定木龙骨的铺装方向。

（2）根据木龙骨铺装方向在地面划线，划出木龙骨固定位置。划线时要避开隐蔽工程中埋设的管道和电线。

（3）根据地板长度模数计算确定木龙骨的间距并划线标明，计算木龙骨间距时，按标准不能超过 350mm。

（4）木龙骨用垫木固定或刨削找平：

①木龙骨铺垫找平时，采用的垫木长度以 200mm 为宜，厚度可根据填充情况而定，垫木间距不超过 400mm 为宜。

②木龙骨之间一定要拉直线或用平尺找平。

（5）木龙骨固定：

①不得用水泥或含水建筑胶固定木龙骨。

②采用专用的木龙骨钉固定木龙骨，龙骨端头宜预留 60 ～ 70mm，以避免龙骨钉劈裂木龙骨。

③相邻两排木龙骨端头接缝应错开 300mm。

④固定木龙骨时，打孔孔距小于或等于 300mm，孔深度小于或等于 60mm，以免击穿楼板。

（6）木龙骨靠墙部分应与墙面留有 5 ～ 10mm 伸缩缝。

（7）木龙骨位置固定时应确保木地板端部接缝在木龙骨上。

3．防潮膜铺装

防潮膜可铺装在木龙骨上，也可铺装在地面上，如图 15-4 所示标注的位置。该位置的防潮膜根据地面潮湿程度而定，若地面含水率在 20% 以上就必须铺，小于 20% 时可选择铺或不铺。

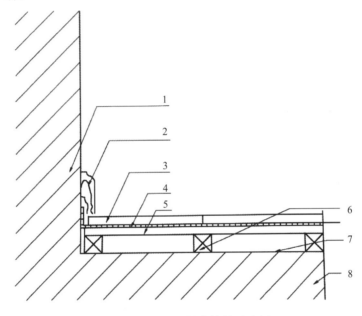

图 15-4　木龙骨铺装结构示意图

1—墙体；2—踢脚线；3—地板；4—防潮膜；5—毛地板；6—木龙骨；7—防潮膜；8—地面基础

铺防潮膜时，防潮膜交接处应重叠 100mm 以上，200mm 为佳，并用胶带粘接严实，墙角处翻翘大于或等于 50mm。

4．实木地板铺装

（1）地板铺装通常都是错位铺装，从墙面一侧余留 8 ～ 10mm 的缝隙，铺装第一块实木地板，地板凸起的榫头朝外，用螺纹钉、汽钉在凸出的企口处以 30° ～ 50° 斜角倾斜钉入，将实木地板固定在木龙骨上，以后逐块排紧钉牢固定，最后一块以明钉靠边直角钉入，以便使龙骨与实木地板牢固固定，如图 15-5 所示。

（2）地板企口处打引眼，引眼孔径应略小于螺纹钉直径，地板钉（螺纹钉）长度宜为板厚的 2.5 倍。

（3）每铺装 3 ～ 5 块实木地板，应拉一次平直线或用平直尺检查实木地板平直度。

（4）实木地板在铺装中，若与其他地面装饰材料相衔接时，在衔接处，应进行隔断，间隔为 8 ～ 12mm，采用平口条过渡。

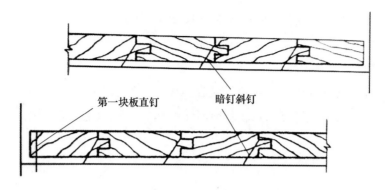

第一块板直钉　　暗钉斜钉

图 15-5　面层与龙骨钉示意图

（5）在室内铺装实木地板时，实木地板铺装宽度大于或等于 6m 时，铺装总长度大于或等于 15m 时，应在适当位置设置伸缩缝，并用平口条过渡，平口条应安装牢固。

（6）门及门套修整

铺装龙骨与实木地板后，地面将增高，将会影响木门扇开启，要保证门扇开启良好，须将门扇修整，一般不变合页的位置，将门卸下锯或刨门扇下沿，使门扇与木地板间的间隙大于 3mm，确保门扇开闭自如。

第三节　悬浮铺装法

一、概述

悬浮铺装法就是将实木地板直接铺装在地垫上的一种铺装方法，如图 15-6 与图 15-7 所示。该法是我国在 20 世纪 90 年代从国外引进的一种铺设方法，当时仅用于强化木地板铺装。随着实木地板生产工艺的不断改进，实木地板尺寸稳定性得到很大改善，消费者对实木地板的天然属性越来越理解，2000 年之后实木地板逐渐引用悬浮铺装法铺装。

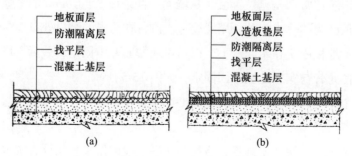

图 15-6　悬浮铺装法示意图

（a）单层悬浮；（b）人造板悬浮

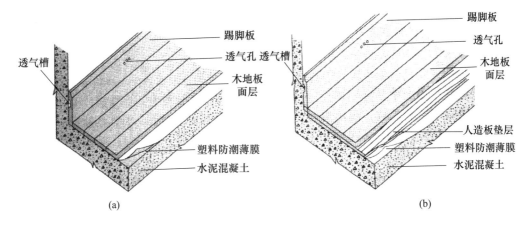

图 15-7　悬浮铺装法结构示意图

（a）单层悬浮结构；（b）人造板悬浮结构

悬浮铺装法与龙骨铺装法相比较，主要特点是：

（1）省工、省料、铺装费用低。

（2）铺装工艺简单、快捷。

（3）随时可调整实木地板块，解决由于室内环境干湿度变化而引起的干缩湿胀。

（4）实木地板铺装与拆装容易，可二次再使用。

（5）缺点是脚感舒适性比龙骨铺装法差。

二、施工要点

（一）施工前准备

地面检测和要求同龙骨铺装法，在此不再重复。

（二）垫层铺设

1. 垫层铺设前彻底清理地面，确保地面无砂粒、浮土，无明显凸出物。

2. 检测地面含水率 ≤ 20%，地面平整。

3. 铺设垫层。

（1）先将塑料薄膜铺于地面，抹平整，薄膜交接处应重叠 100mm 以上，并用胶带粘接严实，铺到墙角处翻起紧靠墙体约 50mm。

（2）在防潮膜上铺垫层。

（3）垫层铺设的方向与实木地板铺装方向相垂直。

（三）实木地板铺装

1. 地板铺装方案、铺装方向确认

通常实木地板铺装的方向应以顺光方向，狭长过道铺装时通常为顺墙方向，视觉效果好。

2.实木地板试铺

（1）试铺地板时，应注意适当调整实木地板色泽深浅，确保整体视觉效果。

（2）铺时自左向右逐渐铺装，其地板企口凹槽向墙，实木地板与墙或地面固定物之间应加入一定厚度的垫片，使实木地板与墙或固定物始终保持留有地板伸缩缝隙8～12mm。

（3）每排最后一块实木地板长度过长，可将其旋转180°进行划线切割。

（4）上一排最后一块实木地板的切割剩余部分大于200mm时，用于下一排的起始块，以保证相邻排错缝。

（5）当房间长度略小于二分之一铺装实木地板块长度的倍数时，可采用隔排对中错位，但此种拼装图案地板损耗率大。

（四）安装

1.根据试铺实木地板块的程序，将地板排紧，然后再用拉力器夹紧，检查榫槽结合、直线度等。

2.遵循逐排安装的原则，在正式排紧地板榫、槽企口时，应时刻观察整体板面高度差、板与板间隙，以便随时修正。

3.铺装中遇铺装长度超过15m，宽度超过6m，必须进行隔断处理并设置伸缩缝，用扣条过渡。

4.铺装到靠近门口处也要设置伸缩缝，并用扣条过渡，扣条应安装稳固。

5.安装踢脚线、平口条。

（1）安装踢脚线时，需将垫片（弹簧）取出，踢脚线固定前应将紧贴墙的塑料薄膜（防潮膜）放平，并压在踢脚线内。

（2）踢脚线固定时两端应接缝严密、高度一致，踢脚线上的钉子眼应用同色腻子修补。

（3）铺装地区遇黄梅季、湿度过大时，建议地板养生5～15天再安装贴脚线和扣条。

第四节　胶粘铺装法

一、概述

胶粘铺装法又称直接粘贴法，是在地面涂抹胶粘剂与实木地板背面直接粘贴在一起的一种铺装方法，如图15-8所示，是较为古老的一种铺装法。20世纪90年代中期几乎都采用此法铺装。

图 15-8　胶粘铺装法

（一）胶粘铺装法的特点

（1）胶粘铺装后的实木地板下面不会藏污纳垢，符合现代人们的生活要求。

（2）不易使木地板变形。

（3）防潮性好。

（4）缺点是不能拆卸。

（二）胶粘铺装形式

胶粘铺装时，有三种铺装形式。

1.满铺法

在地面用带齿的刮刀将胶铺满整个地面，然后将实木地板背面与地面的胶相粘结，如图 15-9 所示。

图 15-9 满铺法

2. 条铺法

在铺装实木地板的基础地面上，将地板胶通过胶枪射入地面，其形状如小长条状后，将实木地板的背面紧贴在条胶上，如图 15-10 所示。

图 15-10 条铺法

3. 垫层条胶铺装法

将地板胶通过胶枪射入垫层预制的槽中，呈三角形条状，将实木地板粘贴在三角形的条胶上，如图 15-11 所示。

图 15-11　垫层条胶铺装法

（三）三种胶粘法比较

三种胶粘法都可用于实木地板通常铺装，也可用于地暖实木地板铺装。三种胶粘法各有如下特点。

1.施工

满铺法、条铺法与垫层条胶铺装法相比，前两种施工方法简单。

2.施胶量

条铺法更经济，施胶量为 $200 \sim 300mL/m^2$；满铺法使用胶量最多，施胶量为 $650 \sim 800mL/m^2$；垫层条胶铺装法施胶量为 $400 \sim 600mL/m^2$。

3.其他

（1）采用条铺法与垫层条胶铺装法时，为达到铺装效果，对胶的高度有一定要求，必须达 8mm 高，将占据室内一定高度。

（2）垫层条胶铺装法，因胶注入垫层的槽中，铺装后消声减振较其他两种好，但阻热系数大，若用于地暖实木地板铺装其能耗比条胶铺法与满铺法消耗大。

二、胶粘铺装法铺装程序

（1）胶粘铺装法铺装程序与悬浮铺装法相似，不同点是胶直接粘在地面，省略了防潮层与垫层，在此不再重复。

（2）胶粘铺装法铺装时，注意事项如下：

①粘胶的基层地面必须强度高、密实。

②粘胶时：满铺法，将胶刮平，厚度可用齿板测试，齿板的齿尖能站立在胶面上即可。

条胶与垫层条胶在铺时，胶条都必须呈三角形，宽为10mm、高为8mm，胶条间距为150mm。

（3）无论哪一种铺法，必须在施胶完成30min之内将实木地板铺粘在胶上，并用手或木槌压紧。

（4）木地板铺装完成24h后，才允许人在木地板上行走。

第五节　毛地板垫底与毛地板龙骨铺装法

一、毛地板垫底铺装

地面平整度较差时可采用地垫，也可用毛地板垫底，不仅改善了地面平整度，也增加了脚感的舒适性，同时保温、防潮、隔声也得到了良好的改善。

毛地板垫底是采用多层胶合板、机加工的细木工板、中密度纤维板或等外品的实木地板等板材，将其置放在基础面上，再将实木地板铺装在毛地板上的一种铺装方法，如本章第三节悬浮铺装法中所述 [图15-6（b）]。

（一）前期准备与确认

前期准备与木龙骨悬浮铺装相似，在此不再重复。

（二）材料选择

1. 毛地板材料选择

优质多层胶合板、优质机拼细工板、中高密度纤维板、刨花板，以及有缺陷的实木地板（虫蛀、腐朽地板除外）或木板。

2. 毛地板规格

必须把整张的多层胶合板、细木工板、中密度纤维板、刨花板锯成1.2m×0.6m或0.6m×0.6m的规格。

（三）毛地板铺装与固定

（1）毛地板平铺地面，铺装时必须有5～10mm间隙，与墙面及地面固定物间距为8～12mm。

（2）毛地板铺装应平整，若下凹严重，必须填实处理，平整度应≤3mm/2m。

（3）甲醛释放量≤E。

（4）毛地板固定。

毛地板固定可采用胶粘剂粘结，也可采用木螺钉固定。

木螺钉固定时，先用电锤打洞嵌入木楔，把毛地板用平头螺钉固结在地面。毛地板固定采用木螺钉，间距≤ 350mm。

（四）实木地板铺装

实木地板铺装采用悬浮铺装，见本章第三节。

二、毛地板龙骨铺装法

铺于客厅、办公室或高层建筑底层等场合的实木地板，为达到脚感更为舒适，又要防潮性能好，可采用毛地板龙骨铺装法进行铺装。

毛地板龙骨铺装法实际上就是木龙骨铺装法、毛地板垫底铺装以及悬浮铺装法的综合。

毛地板龙骨铺装程序如下：

检测地面含水率、平整度→防潮膜铺装→木龙骨铺装→毛地板铺装→贴防潮膜→实木地板铺装。

第十六章　特殊功能实木地板铺装

第一节　地暖实木地板铺装

一、概述

铺装在地面辐射供暖系统上的实木地板称为地暖实木地板，铺装时与普通实木地板有共同之处，不同之处是在铺装前对以下两项进行验收。

（一）铺装的实木地板质量与材质验收

地暖实木地板铺装在具有一定温度值的地面上，因此不是所有实木地板都可用于具有"地暖系统"装置的地面铺装，它必须具备以下条件：

（1）选择材性稳定的木材制作地暖实木地板，常用茚茄木、柚木、橡木、香脂木豆、圆盘豆、桃花心木等材性较稳定的木材制作地暖实木地板。

（2）地暖实木地板含水率：5%≤含水率≤我国使用地区平衡含水率。

（3）耐热尺寸稳定性（收缩率）、耐湿尺寸稳定性（膨胀率）好。

（二）地面供热温度热源调试与验收

地面供暖系统常采用水地暖与电地暖两大类。

1.水地暖系统装置调试与验收

（1）管道内水温应达 30～45℃。

调试初期应控制水温比室内空气温度高 10℃左右，升温应平缓，并保持初始温度不超过 32℃，先连续运行 48h，以后每隔 24h 水温升高 3℃，直至达到设计供水温度，并保持该温度运行不少于 4h。

（2）回水温度为 8～15℃。

（3）检查每个房间地面有无隆起、开裂。

（4）检查集水器连接处有无渗漏，并随时排放管道中的积气。

（5）检查各房间的地表温度：居室及办公室地表温度最高值为 27℃；走廊温度为27℃；滞留区温度为 35℃；边缘区温度为 35℃。

2.电地暖系统装置测试与验收

电地暖系统常采用加热电缆与电热膜两种供热方式，加热电缆应用居多。无论采用哪一种其特点都是用开关控制。

（1）电地暖系统在调试运行时，初期也应采用平缓升温方式，使室温缓慢升至设计温度。

（2）全面检测地暖系统线路的安全保护系统。

二、地热实木地板铺装

（一）铺装前准备

1. 地面检查

（1）彻底清理地面，确保地面无砂粒、无浮土、无明显凸出物和施工废弃物。

（2）复核地面含水率与地面平整度。

2. 防潮地垫铺设

防潮地垫铺满整个铺装地板的地面，其幅宽接缝处塑料薄膜应搭接 200mm，并用胶带粘接严实，靠墙处翻起高度大于 50mm。

（二）实木地板铺装

实木地板铺装程序及要求与普通实木地板类似，在此不再重复。

第二节　体育地板铺装

一、概述

铺于室内的大型体育运动场所的实木地板，由于其不断承受人在其上跑、跳以及各种球类的拍打，铺在地面上的实木地板除应达到一般的质量外，还应满足体育场馆、健身房运动功能要求。

体育运动场所铺装后的实木地板应达到以下要求：

1. 弹性好

球类拍打在地板上，或运动员在实木地板上弹跳时，要具有很好的反弹力，按标准要求，球的反弹应大于等于 90%。

2. 耐磨性好

铺装于体育运动场所的实木地板，除了承受人在地板上来回跑跳，还要承受球类甚至运动器材在其上的滚动和滑动等摩擦，按标准要求滚动承载应大于等于 500N，摩擦系数为 0.4～0.6。

3. 冲击性能好

体育场所铺装的实木地板，应用于球类运动和田径运动时对实木地板有强烈的冲击力，且是不均匀的荷载分布，因此必须在弹跳时有振动吸收，按标准应达到 53%～60%。

为达到上述要求，常采用毛地板龙骨铺装法，结构如图 16-1 所示。

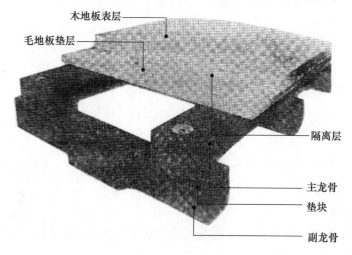

图 16-1　体育场所铺装实木地板结构

二、材料选择

（一）面层实木地板选择

1. 材种选择

材种应选择材性稳定、力学强度较好、耐磨的优质木材，常用于体育运动场馆的木材有水曲柳、橡木（国产材柞木）、桦木、柚木、枫木等。

2. 含水率

含水率 ≤ 10%。

3. 规格

通常为宽 × 厚 =（50 ~ 70）mm ×（20 ~ 25）mm，长度不限，但为防止翘曲、弯曲，不宜太长。

（二）毛地板材料选择

毛地板可采用多层胶合板、实木两种材料。

1. 多层胶合板

规格为长 × 宽 × 厚 =2000mm × 160mm × 22mm；甲醛释放量不大于 E。

2. 实木

规格为宽 × 厚 =12mm ×（25 ~ 30）mm；含水率不大于 13%（因地区而异）；精度方面，四面刨光，精度 ±0.2mm；材种方面，针叶材，常用的是落叶松、辐射松、杉木等。

（三）龙骨

木龙骨材种与毛地板相一致，必须做防腐处理。规格为宽 × 厚 =50mm × 50mm

（主龙骨）；长 × 宽 × 厚 =350mm×50mm×50mm（副龙骨）；长度根据体育运动场所面积而定。

（四）垫层

垫层选择减振防潮油毡或玻璃纤维垫层材料，若要吸声效果好，还可在垫层中夹入岩棉等材料。

三、铺装面层地板

1. 通风设计

根据现场调查，设计通风口位置，通常在两端或四周。

2. 预埋膨胀螺栓

在混凝土地面上打膨胀螺栓孔，并放入膨胀螺栓，或在通风墙或垛上预埋 Ω 型钢筋，用 12 号镀锌铁丝绑扎龙骨，其间距为 400 ～ 800mm。

3. 固定主龙骨

将主龙骨放入预埋螺栓上，并拧上螺帽，或用 12 号镀锌铁丝捆扎，木龙骨平整度调正，若有高低差可采用垫板找平，然后用水平仪找点、找平测量，其平面度 ±1.5mm，每两根主龙骨的接头处，用夹板夹住钉子钉牢。

4. 固定副龙骨

将副龙骨放入两根主龙骨之间，用铁钉与主龙骨钉牢。

5. 铺装毛地板

将毛地板铺装在主龙骨上，并用铁钉固定在主龙骨上，毛地板与毛地板的接缝位置应互相错开，平整度应控制在 ±1.5mm 之内。

6. 铺装垫层

常采用防潮油毡铺在毛地板与实木地板之间。

7. 铺装实木地板

（1）先在实木地板榫舌处钻孔，孔距为 150mm。

（2）将面层实木地板铺在防潮油毡上，用 50 螺纹钉将实木地板钉牢在毛地板上。

8. 检查面层实木地板平整度

用直尺检测实木地板平整度≤ ±1.5mm，边检查边做记号，发现超标及时调整。

若采用油漆板，铺装工序到此完工，若采用白坯实木地板，还需继续操作下列工序。

9. 打磨砂光

用移动式打磨砂光机，砂光白坯面板，全面打磨砂光两道，直至既平整又光滑，平整度≤ ±1mm。

10. 表面涂饰

涂饰材料通常采用亚光耐磨聚酯漆，操作工艺是：刮涂同名腻子两遍；涂刷一遍封闭漆；用细砂布打磨；涂刷两遍面漆，每涂刷一遍后，用砂布打磨，再涂刷第二遍。

第三节　文体娱乐场所实木地板铺装

随着人们生活水平的提高，业余生活多样化，文体娱乐场所也随之兴起，其中大型剧院、俱乐部、高级舞厅也悄然兴起。因此对地面铺装的实木地板提出高要求：人们在铺装实木地板的地面上翩翩起舞时，或在其上做各种各样弹跳时，要求具有较大的反弹力。

为满足上述要求，在铺装实木地板时，采用龙骨毛地板铺装法时，在龙骨下的垫层采用较厚的橡胶垫，其结构如图 16-2 所示，或采用其他材料如金属弹簧、弹弓等具有弹性的材料。此种实木地板铺装方法在业内被称为弹簧地板铺装法。

一、橡胶垫弹簧实木地板铺装

橡胶垫弹簧实木地板铺装时，采用的橡胶垫层有条状橡胶垫与块状橡胶垫，如图 16-2 所示。

块状橡胶垫层通常为正方形 100mm×100mm，厚度在 7～30mm，采用块状橡胶垫时应三块重叠使用，其块距为 1.2mm，置放在主龙骨下面；主龙骨与副龙骨材料皆采用经防腐与干燥的条状木材，其规格均为宽 × 厚为 50mm×70mm。然后在其上铺毛地板，再铺实木地板，结构如图 16-2 所示。

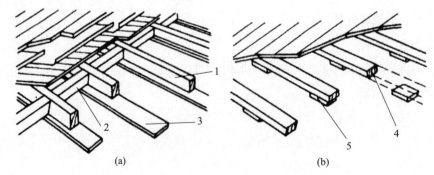

(a)　　　　　　　　　　(b)

图 16-2　垫层弹簧实木地板结构

（a）条状橡胶垫层；（b）块状橡胶垫层

1—木龙骨；2—副龙骨；3—条形橡胶垫；4—木龙骨；5—块状橡胶垫

二、金属弹簧实木地板铺装

将金属弹簧铺装在地面后再铺实木地板，弹性效果优于橡胶垫层的弹簧地板，主要用于大型剧院舞台与高档舞厅的舞池。

金属弹簧安装数量及分布，根据铺装实木地板面积而定。弹簧的大小取决于其动荷载的大小。

金属弹簧衬垫在毛地板下，结构如图16-3所示。从图中可见木地板是铺在两层中密度纤维板或多层胶合板与实木地板上，其下再架设槽钢。该种铺装方法弹性好，但铺装工艺复杂，成本高。其铺装工序为：基层地面划线置放弹簧位置→弹簧基座找平→槽钢连接→弹簧铺设→整体钢架拼装连接→应力试验→厚木板安装→中密度纤维板或多层实木胶合板安装→实木地板安装。

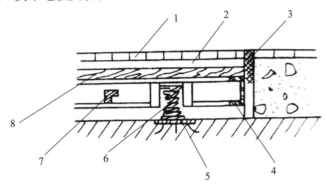

图 16-3　金属弹簧实木地板铺装结构示意图

1—实木地板；2—双层中密度纤维或多层胶合板；3—胶垫；4—槽钢；
5—钢板底座；6—弹簧；7—横撑；8—厚木板

施工中的注意事项：

（1）弹簧基座找平是关键；

（2）厚木板、中密度纤维板或多层胶合板都应做防护处理，含水率 ≤ 5%，且不大于当地平衡含水率；

（3）厚木板、中密度纤维板（多层胶合板）安装时都应按设计要求和有关规范进行操作。

第十七章　实木地板验收使用和维护

第一节　实木地板铺装验收

实木地板质量验收，不能仅从实木地板加工质量好坏来检验，因为实木地板是半成品与耐用品，应从三个方面组合来判断其质量：

（1）实木地板成形加工的质量，即机加工与涂饰的质量；

（2）实木地板铺装成片的质量；

（3）实木地板的使用维护。

以上三部分的质量是不可分割的，只有完美配合才能成为优质的实木地板，其中铺装质量尤为重要，正如业内人士广为流传的一句格言："三分地板，七分铺装"。

铺装质量验收时间为实木地板铺装完工后三日内，铺装验收要点如下：

（1）靠近门口处，必须设伸缩缝，并用平口条过渡，扣条应安装平直、牢固，门扇底部与安装的扣条留有的间隙 ≥ 3mm，门扇应开闭自如。

（2）地板表面平整、洁净，漆膜饱满光滑，无明显缺陷与损伤。

（3）实木地板铺装宽度 ≥ 5m、长度 ≥ 8m 时，中间应有隔断，都需留有伸缩缝，用平口条过渡，安装平直牢固。

（4）实木地板安装牢固，踩踏表面无明显异响。

实木地板面层验收要点如下：

（1）实木地板表面平整度。铺装后实木地板大面积平整度按《木质地板铺装、验收和使用规范》（GB/T 20238—2018）用 2m 靠尺检测，其值应不大于 3mm/2m。

测试方法：将 2m 靠尺平放且紧贴在实木地板面上，然后在 2m 靠尺离地距离最大处用塞尺塞入量出的值即为检测值。

（2）实木地板拼装高度差，是指相邻两块实木地板高低之差，应不大于 0.6mm。

测试方法：目测铺装的大面积实木地板，观察相邻两块拼装的实木地板有无高低之处，将钢板尺垂直放置，检测人员蹲地侧看，并将塞尺插入钢板尺与地面接触处的缝隙中，观其值，按《木质地板铺装、验收和使用规范》（GB/T 20238—2018）的规定应不大于 0.6mm。

（3）铺装的实木地板拼装离缝。拼装离缝是指拼装的两块相邻实木地板之间应有缝隙，《木质地板铺装、验收和使用规范》（GB/T 20238—2018）中规定，其值应不大于 0.8mm。

测试方法：在铺装的实木地板上目测是否有缝隙，并将塞尺塞入缝隙中的片数累加，其所标明的值应不大于 0.8mm。

踢脚线安装质量验收要点如下：

（1）踢脚线与门框的间隙应不大于 2.0mm。

（2）踢脚线拼缝间隙应不大于 1.0mm。

（3）踢脚线与地板表面的间隙应不大于 3.0mm。

（4）同一面墙踢脚线上沿直线应不大于 3.0mm/2m。

（5）踢脚线接口高度差应不大于 1.0mm。

第二节　实木地板使用和维护

一、普通实木地板使用和维护

合理使用和维护是保证实木地板质量的关键，也是延长实木地板寿命的重要途径之一。用户在正常使用和维护时应注意以下几个方面：

（一）室内基本条件的控制

通常，实木地板对室内使用环境的温、湿度没有特殊要求，它与人居的适宜、湿度条件相适应，保持室内空气相对湿度在 40% ～ 80% 对人和实木地板都相适应。

在北方地区空气比较干燥的季节，可用加湿器适当增加空气的湿度，以防止实木地板干缩引起缝隙过大，甚至出现开裂现象。

在南方地区，特别是黄梅季来临之际，空气湿度过大时，应保持室内空气流通，阻止实木地板因室内过潮而吸湿使实木地板湿胀，致使铺装的实木地板起拱或开裂。

（二）定期清洁维护与阻止阳光暴晒

（1）清除实木地板表面污迹时，采用软的棉布擦拭，用硬布很容易将实木地板的漆膜划伤。污迹太重时，可采用中性清洁剂或专用清洁剂去除污垢后，再干擦。

（2）定期吸尘或清扫地板表面，防止沙粒等硬物堆积而刮擦实木地板表面。

（3）用不滴水的拖把拖擦，清洁实木地板表面。

（4）防止阳光直接长期暴晒。

（三）防止实木地板变形

（1）铺装完的实木地板长期不居住或暂不使用应定期通风，因室内干、湿度变化会导致实木地板干缩或湿胀，引起地板缝隙过大或拱起等不良现象。

（2）避免卫生间、厨房等处的自来水泄漏。

（四）避免撞击、刮擦

实木地板表面虽然涂饰耐磨、耐刮擦的涂料，但只能在一定限度内抗撞击与刮擦，因此搬动家具和重物时避免拖拉，应轻拿轻放。

避免穿有鞋钉的鞋在实木地板上行走。

（五）注意防火

（1）实木地板铺装后，不能将大功率电热器直接放置在实木地板上，应放置在垫层上或其他隔离层上。

（2）避免强酸性或强碱性的物质直接放置或洒在实木地板上。

二、辐射供暖实木地板使用规范

（1）在地面辐射供暖系统上铺装实木地板时，初升温度时应缓慢升高，建议升高温度不高于 3℃ /h，以防止地暖实木地板开裂变形。

（2）建议实木地板表面温度 ≤ 27℃。

（3）不得覆盖面积超过 1.5m² 的不透气材料。

（4）尽量避免使用无腿家具。

（5）其他使用维护与普通实木地板相同。

第十八章　实木地板营销

第一节　市场与市场营销

一、市场

任何一个实木地板企业制造商或经销商，都与市场存在着千丝万缕的联系。市场是企业活动的起点，也是归宿。企业活动若能与市场需要协调一致，就能适应市场。

虽然人们对市场认知不一样，但我们还是认为市场就是商品供求关系的总和。例如，消费者由于年龄、个性、经济收入等条件的不同，对实木地板或其他地板的需求也不相同，企业为了适应市场就必须生产各种材质、色泽、规格的实木地板，供消费者选择，这样形成了供求关系，就构建了实木地板市场。

供求关系决定了地板生产企业生产的实木地板价值是否能实现以及实现程度，也就决定了消费者的需求能否得到满足以及满足程度。

供求关系始终是变数，总是在平衡与不平衡之间变化。人们通常把供应大于需求时称为"买方市场"，把供应小于需求时称为"卖方市场"。这一概念，对企业的营销有着重要意义。因为，供求关系对企业和经销商的影响是至关重要的。企业生产何种档次材质的实木地板，以什么价格销售，采用什么样的营销手段，都直接与供求关系相连。因此企业和经销商随时随地要调查、掌握和分析市场供求趋势，这样才不会造成跟着市场却永远不能掌握市场的被动局面。

只有正确掌握和分析市场供求趋势，才能为正确组织市场营销活动提供依据；反之，容易导致企业盲目性生产。

综上可得出结论，市场由三个要素组成，即当地人口、购买力、需要，它们是密切联系的，三者缺一就形不成市场。但也不能认为人口多，市场就一定大。必须是人口多、收入较高，才是有潜力的市场；有了人口、购买力，还要有购买的欲望。但如果将实木地板定位过高，性价比差异太大，引不起消费者购买的欲望，这对生产企业或经销商来说也形成不了市场。

因此，企业不能仅仅以产品——实木地板为中心来考虑，让消费者来适应自己的产品；而应主动去使自己的实木地板适应市场购买力的需要和消费者的需要。

如果我们能以大众市场为主体，生产低、中、高档产品以适合不同类型的消费群体，以中等与中等偏低产品价格适应目前大多数人的收入水平，木地板的销售将会步入良性循环，同时可适当抓住客户个性化要求的定制产品来获得较高而丰厚的利润。

值得注意的是，在抓住现实市场的同时，在战略上还应考虑开发潜在的市场。

二、市场营销

随着国家对房地产调控政策力度增强，很多实木地板企业都在感叹"生意难做，挣钱更难！"特别是 2020 年初遭遇全球性新冠肺炎疫情以来，党和政府采取了一系列有效的措施，保障人民群众的身体安全，但国民经济发展还是受到一定冲击，国内外实木地板市场受到重创。终端销售量同期相比，大幅度下降，特别是大型超市与建材市场，租金昂贵，营销成本大，使企业在前进的道路上压力重重。因此，要想在艰难的商海中成为赢家，就必须深刻理解与掌握市场营销内涵，才能具备高超的生存本领和与竞争者对抗的谋略。

市场营销并不是一门神秘的科学，也不只是专家所掌握，市场营销译自英文"Marketing"一词，是为适应现代商品经济高度发展而产生的一门有关企业经济决策的科学，事实上市场营销活动的实践自古以来就存在，当人们开始懂得交换，便有了市场营销。但是由于历史限制，只是长期停留在个人经验水平上，没有系统地总结提高，难以形成一个体系。

市场营销的生命力在于贴近市场，是现代企业经营管理经验的总结，因此每个进行地板买卖、生产的人员都应掌握并应用市场营销以适应多变的实木地板市场。

市场营销是以实现销售为中心的一系列活动，它包含的内容有市场分析、市场细分和目标、市场策划、市场营销组合（其中有对产品定价、渠道、促销策划）等，这些内容正是地板企业在经营中所遇到的，也是必须掌握的知识，这些知识能使我们的思维具有前瞻性，可以帮助我们从一个全面、整体的高度来制定经营决策，从司空见惯的常规圈子中跳出来，形成新的挑战性谋略。

真正掌握市场营销策略后就能充分认识销售是市场营销的基本技能之一，是市场营销的最高目的，而消费者的满意是实现销售的基础，企业经营者的一切营销活动都必须紧紧围绕用户的需要来策划与实施。

当企业或经销商在木地板市场上出现任何阻力时，也就不会狭隘地从推销上找原因，而会从营销工作的各个方面综合分析，寻找出有效的策略，所以我们可以认为，成功的推销来源于成功的营销。特别是当前面临全球性新冠肺炎疫情肆虐与房地产业政策调控的不利形势，市场竞争更为激烈，更应重视以系统的营销策略和实施手段达成销售，这样才能使本品牌的地板在市场畅通、流通，使企业蒸蒸日上。

第二节　营销渠道

一、营销渠道

企业生产的实木地板，只有通过销售渠道才能被消费者购买，合理地选择与制定销售渠道，并对销售渠道实施有效的管理，是企业市场营销的主要任务之一。

销售渠道的选择和制定是一项复杂的工作，受到企业内部条件和外界环境因素的限制。企业应根据自身条件，在多种限制条件下做出决策，这些决策包括企业直接销售还是间接销售的决策、渠道的长度和宽度的决策、成员的选择等。

销售渠道也就是我们常说的流通渠道，如果流通渠道畅通，对企业生产的木地板有着直接影响。所以，合理选择销售渠道，以及适时地开拓新的销售渠道，就能促进地板流通速度，加速资金周转，节约库存费用，提高企业的经济效益。

销售渠道由几种销售机构组成。这些机构有以下三种类型：

第一种类型是生产企业自己设立销售体系。

此种类型是企业自设的专卖店，在法律上和经济上并不独立，在财务和组织管理上受到企业的控制。

第二种类型是受企业约束的销售机构。

此种类型是 ×× 品牌代理商，这种性质的销售机构在法律上是独立组织，但在经济及销售政策上，通常通过合同受到企业的约束。

第三种类型是不受企业约束的销售机构。

此种类型销售机构在法律上、经济上都是独立的，但必须通过自己拥有的资金购买实木地板，取得该品牌实木地板的所有权，然后再出售，这就是我们经常说的批发商。

上述三种类型机构为了积极应对当前市场严峻的形势都在积极思考、开拓、调整、重组营销渠道，为企业产品销售拓展一条畅通之路。

1. 市场战略目标变化

企业为积板应对地板市场的逆境，在战略上纷纷作调整，在巩固一线城市市场基础上，逐步向二、三线城市，甚至乡镇市场扩展。

2. 分公司代替区、市代理商

为降低营销成本和掌握销售渠道，企业采取减少各大企业或省、市代理商，自设分公司的措施。

3. 数量调整

调整门店数量，增设仓储式销售。

4. 重视地板工程销售

随着住房城乡建设部发文积极推进精装修房政策以来，企业从不重视工程转变到积极与房地产商签订长期合同，把地板工程作为主要营销渠道之一。

5. 重视网络销售渠道

在当今互联网、物联网时代，越来越多的企业、经销商、批发商都认同网站平台能为企业提高宣传营销力度，各级营销机构纷纷建立和重组网站平台、注册微信公众号，并建立网上商城和加入微信营销。

6. 重视与加强团购营销

在当今市场低迷阶段，为加速地板在市场上的畅通，企业、经销商、批发商都在积极组织团购活动，形式有"自身"组织和"跨业联合"组织，成效较为显著。

二、营销中建立独特优势

我国木地板行业与其他行业相比，集中度低、科技含量与专业化程度都不高。因此，在木地板行业高速发展时期，也吸引其他行业的企业和个人，纷纷投入实木地板行业进行实木地板生产，使地板品牌如雨后春笋般迅速增多，致使市场竞争激烈。特别是当前企业都要面对动荡不定的市场营销环境，在此环境中竞争更为激烈。因此，企业想要在市场中成为赢家，就必须在市场营销中具有自己的独特优势。木地板企业可以从以下几方面抉择：

低

产品以价低取胜。木地板生产和经营时，力求少投入多产出，即在生产与营销的每个环节上教育员工在保证质量的前提下，珍惜每一块地板、每一度电。加强从制造费与营销费上找原因，从而把实木地板的制造成本和营销成本压缩到最低，使其性价比最高。

优

产品质量在同行业中以优取胜。从员工进入工厂第一天起，就应积极教育员工，使其深知"质量是企业的生命线"，这是创名牌的关键。

廉

性价比高，以廉取胜。市场的竞争是质量和价格的竞争，企业在市场营销中，应积极开发适应不同消费层次的实木地板，推广品牌广泛性。对开发的产品，实施有效的措施，降低生产成本与营销成本，使企业销售的实木地板在同类产品中价格最低，性价比高，以此打压竞争对手。

新

产品创新，生产工艺不断完善。在激烈的市场竞争中，产品同质化严重，因此必须不断创新产品，才能跳出同质化竞争的怪圈，在市场中独树一帜。

宽

销售渠道以宽占领市场。从一线城市北京、上海、广州、深圳等城市来看，不同城市营销渠道的共性越来越明显，而三、四线城市经济发展很快，特别是国家提出城镇化发展的政策，企业应将营销渠道下沉，深入县城，拓宽营销渠道，提高产品在全国市场的占有率。

短

减少中间环节，缩短营销渠道。由于市场竞争激烈，为压缩营销成木，木地板企业必须通过营销渠道的变革，减少中间商，减少中间环节，降低营销成本，缩短产品流通周期，缩短与消费者的距离。

诚

以诚取信于客户。中华民族传统价值观以"诚"为核心，百年老店以诚招天下客，为此在处理厂商关系、客户关系时都要以诚为本，以诚相待，特别是在营销中，无论是售前、售中、售后服务始终以诚服务，使用户对品牌服务既感到温暖又感到放心。

活

经营策略以"活"抢占市场主动权。在多变的市场中，只有实施灵活的战略战术，才能取得主动权，横向之间与有关行业多联系、多沟通，如建筑设计院、房地产公司、设计师、装饰公司等，多联系，进行信息沟通；另一方面又要与科研单位、大专院校等在技术创新上加强合作，增强技术合作，跳出同质化竞争的怪圈。

第三节　实木地板促销与团购

一、促销

促销是指卖方向消费者传递实木地板信息的一系列宣传、报道活动。实木地板市场竞争激烈，品牌多，价格差异大，为了巩固品牌优势，提高品牌的知名度，引起消费者对本品牌的关注，激起购买欲望，促进购买行为，提高品牌在市场中的占有率，而特意、特时设计的营销策略之一便是促销。

（一）促销的特点

（1）非常规的，而且也是非周期性的。

（2）促销的手段灵活多变。

（3）短期内会产生效果。

（4）执行前有保密性，执行中有阶段性，执行后有延时效应性。

（二）促销的基本方法

促销的基本方法有以下几类：

1. 人员推销

人员推销是指通过企业销售人员对消费者做口头上的介绍以促进产品销售的方法。

2. 广告

广告是一种间接传播方式，借助部分媒体进行，具有大规模传播的特点，但是广告的反馈时间较慢。

3. 营业推广

营业推广以提供具有金钱价值的产品为基础，刺激性强，吸引力大，但是起作用时间比较短。

（1）营业推广的形式多样

营业推广的形式分为几种，如有奖销售、样品赠送、试用、赠送优惠券等，刺激消费，但只是临时性措施。

（2）营业推广形式实施

1）削价优惠适用于以下几种情况：

①开业大典，优惠 × 天，每天营业前 × 名打折；

②店庆或厂庆；

③节日促销、淡季促销；

④针对同行竞争，针锋相对，拼价格、削价销售，售完为止。

2）优惠券适用于以下几种情况：

①开业、店庆、新闻发布等活动时发放；

②回头客；

③经销商，业务人员奖励，按业务量大小或比例发放。

3）购物赠品适用于：

①零售地板时送礼品，礼品上印有企业或品牌的名称，礼品有书包、休闲衫、气球、自行车筐、地板护理品、帽子、钥匙链、台历、年历等。

②赠送特殊的礼品，含有文化品位，如健身卡、摄影展览参观券等。

4）特殊展示临时优惠价适用于：

①建材展销会现场；

②针对小区的展示会。

5）联合促销适用于不同行业：

联合促销跨行业如实木地板、地砖、卫生洁具、煤气灶。这种促销现在比较盛行，特点是投资少，效果好，发挥各行业独自的优势以满足客户一步到位的采购需求。

二、团购

房地产调控政策出台后并逐渐深化，以及新冠肺炎疫情以来，直接冲击了地板行业的销售，为此地板行业纷纷出招，以前不被重视的团购，现已成为促销的重要手段。

（一）团购活动准备工作

1. 成立团购部

团购部的负责人可按企业的人事状况，由专人负责或销售部经理兼管负责，再安排下属团购部工作人员。

2. 制定团购手册

团购手册包含两部分内容：团购工作中的具体内容、团购工作开展中应掌握的实践技能。

上述的团购手册是提高团购部工作人员在团购实战工作中服务能力和执行能力的重要工具。

3. 团购的实战技能培训

开展团购营销成功与否的关键点，是团购工作人员的拓展能力和执行能力。

为了在实战中真正达到预期效果，必须对团购部工作人员进行实战能力培训。

4. 企业各个部门积极配合

（1）团购活动是企业提升品牌知名度和推广产品的重要手段之一，因此，在开展此活动时，企业总裁或其他领导应参与各部门协调工作，如在开展活动中邀请消费者参观产品的生产线、物料配送等，此时就需要企业高层领导在各部门间协调。

（2）团购部门间工作人员既要有分工也要有合作精神，不要为了完成自己的工作而互相制造矛盾，影响工作。

（3）企业团购工作人员与当地经销商之间也应互相支持，共同努力搞好团购。

（二）团购的基本流程

为保证团购工作有条不紊地完成，达到应有效果，应抓好以下基本流程：

1. 建立某地团购筹备小组

筹备小组成员中应纳入经销商，并进行分工，分配完成如下工作：

（1）调查市场消费的目标群体，建议推出产品类别及定价。

（2）宣传资料发放及选择与联系合适的媒体。

（3）产品配送。

（4）团购地点选择与布置。

（5）礼品准备。

（6）费用预算。

（7）为了活动开展之日有气氛、有效果，经销商应在开展之日前通过媒体进行大力宣传，做好消费者参加活动预约登记。

2. 团购活动开展之日

（1）专人负责接待消费者，并专业介绍产品。

（2）专车接送目标客户到达展厅现场。

（3）专人负责预订签单。

（4）专人现场摄影。

（5）设立专家现场咨询与签字。

3.团购活动开展之后

（1）团购活动中的承诺有专人负责，不折不扣地执行。

（2）团购开展之后有专人进行回访与总结经验。

（3）口碑宣传，将图文并茂的方案纳入宣传手册。

第四节　岗位定位与职责

人员推销是一直沿用至今的销售方法，它可以通过企业微博、网站、微信、电话、手机等通信工具，或直接面对面交谈说服消费者购买实木地板。

营销人员可分为三个级别，即生产企业营销人员、分销商营销人员、经销商营销人员。

随着经济形势发展，为了节省营销成本，营销渠道扁平化，往往改为两个级别，即生产企业与经销商（也就是零售商）。

一、生产企业营销经理素质与职责

（一）生产企业营销经理素质

生产企业营销经理又被称为市场部经理，生产企业的市场部经理应随时抓住市场脉搏，掌握市场，须具有以下素质：

（1）忠于本企业，有企业经营模式和市场营销的相关知识。

（2）善于接受新事物，有一定的应变能力，处理问题从容、镇定。

（3）有敏锐的洞察力，能利用掌握的市场营销知识分析市场，使之不断适应市场变化。

（4）善于和人交往，并且具有一定的沟通能力。

（5）具有一定的实木地板知识。

（二）生产企业营销经理职责

实木地板销售经理职责如下：

（1）积极参与制订企业具体的销售计划与规划。

（2）积极引导销售团队完成企业制订的销售任务。

（3）有效控制销售预算和销售任务间的平衡。

（4）随时掌握市场动态，收集市场信息分析并反馈到企业各个部门，使企业各个环节都能适应市场。

（5）制订激励和考核制度，激发营销团队工作人员的激情。

（6）发展、协调企业与经销商之间的良好关系。

（7）定期执行培训计划，保证新老营销团队人员的知识不断更新。

二、店长的职责

店长的职责如下：

（1）执行公司下达的工作，积极努力地维护店内良好的销售业绩。

（2）严格控制店内的支出与损耗。

（3）检查店内商品陈列、卫生状况，保证店内整洁，陈列新颖生动，引人注目。

（4）积极引导导购员，使其具有良好的为消费者服务的心态、积极向上的工作态度。

（5）定夺破损实木地板的质量、折价或折扣金额，并在折价单上签字确认。

（6）带领本店员工共同完成存放、上货和地板验收，严把货款和各类销售单据。

（7）随时注意市场动态，收集竞争对手的产品、价格等市场信息，随时反馈给生产企业。

（8）做好日结工作及销售数据分析。

（9）加强和督促室内防火、防盗安全保卫工作。

三、导购员的素质和职责

（一）导购员的素质

导购员是实木地板销售的最前哨，是实木地板品牌的直接代表。因此，导购员与消费者面对面接触时，给消费者的形象应是熟悉业务，并具有为消费者热情而诚信的服务态度，因此必须具备如下素质：

（1）为人诚实，敬业，守时守信。

（2）对人热情大方，具有良好的销售与沟通技巧。

（3）具有强烈的工作欲望，对本企业的品牌充满自信，并具有持久的耐力。

（4）精力充沛，反应灵敏，从容不迫地完成日常工作。

（5）熟练掌握实木地板基本知识，能系统讲述铺装、使用和维护的基本知识。

（二）导购员职责

（1）导购员上岗必须佩戴上岗工作证，着装整齐，仪表整洁、利索。

（2）对待顾客热情，使用礼貌用语，不矫揉做作。

（3）诚信待客，实事求是地介绍木地板产品，并告知消费者企业提供的服务承诺。

（4）无论进入门店的消费者买还是不买，都要积极地为其介绍产品，态度和蔼，回答消费者对产品的咨询，并向消费者提供产品选择。

（5）签订合同时，文字要简练准确，并留有余地，实木地板材种名一定要按国家标准规范名称写入合同。

第五节　微营销

一、概述

随着互联网产业的快速发展，上班族和学生、企业的高层领导和普通员工在对同一事物的概念和认识上千差万别，但是互联网及智能化使人们在消费概念及生活方式上殊途同归。因此，以网络为传播平台的营销行业发展迅速，通过互联网消费者足不出户就能买遍全世界。

随着电子商务的发展和完善，微电商在地板行业悄然兴起。微营销其实是一个比较传统的词，广义上是通过手机进行的电子商务交易，也就是说通过微博、微信等信息传播工具来做的微营销活动。其特点是：

（1）成本低廉，传统营销在营销中推广成本高，而微信等软件多数是免费的。

（2）营销定位精确、准确，微信公众号可以通过后台的用户分组和地域控制，实现精确而准确的信息传送。

（3）营销方式多元化，既可用文字，又可用语言或两者混合编辑。注册的普通公众账号，可以群发文字、图片、语音三个类别的内容。

（4）营销方式不扰民，人性化。

（5）用户可以许可式选择和接受。

（6）潜在客户数量多，而且营销信息准确到达率高。我国手机网民已达 10 亿多，网络购物人数已超过 8 亿，每一条信息都以通知消息发送，传播到达率高。

二、做好微营销的关键

做好微营销的关键是重视和解决以下几点：

（1）微营销必须与实体专卖店相结合

实木地板是半成品又是耐用品，购买的数量和金额高于一般商品总金额。为此，消费者都会到地板门店察看实木地板的品质和外观，然后再到电子商城下单购买，所以实木地板微营销，也是一种体验式营销渠道。

（2）营销的产品必须货真价实，即销售的实木地板确实与宣传所称的产品一致。

（3）让消费者可迅速买到实木地板和拿到所购买的实木地板。

（4）设计增值服务，如送优惠券、礼品等，将促使消费者经常观看本品牌的 App。

第六篇

实木地板售后服务与案例分析

第十九章　实木地板售后服务

第一节　概述

过去的传统营销理念是"商品出门，概不退货""银货两讫，概不负责"。这仿佛是商家天经地义、理所当然的营销理念，然而实木地板产品既是半成品又是耐用品，它必须经铺装工人规范铺装施工后才能使用。产品的特殊性使地板企业逐渐意识到在产品销售中服务的重要性，因此纷纷转变传统的营销理念，改为"商品（地板）出门，负责到底"的服务理念。

目前从地板行业现状看，实木地板的生产工艺技术含量不如其他行业高，实木地板加工过程的技术是可移植的，致使实木地板产品同质化竞争较为严重，企业之间不仅仅局限于产品的竞争，也包括服务竞争。实木地板的销售服务有售前服务、售中服务与售后服务三大体系，三者是有机联系在一起的。

1. 售前服务阶段

（1）正确了解客户对地面装饰材料的意向要求。

（2）正确引导。将客户对地板要求转化为只对实木地板的选择，正确无误地记录信息，并传递给公司。

2. 售中服务阶段

（1）热情，确保客户订购本品牌实木地板。

（2）指导客户正确理解实木地板具有的天然属性，以及使用保养中的注意事项。

3. 售后服务阶段

（1）及时通过微信、电话等工具做好售后服务跟踪工作，并及时把信息反馈到公司的有关部门。

（2）经常与负责铺装施工的工程部沟通，并到施工现场协助监理，督促施工。

（3）若遇有投诉案件，应在两天内及时派专人去现场察看，进行分析，并反映到公司相关人员，共同协商解决（处理步骤见本章第三节）。

上述可鉴，售后服务必须与售前、售中服务紧密配合，才能保证售后服务工作顺利。

售后服务更是提高企业信誉，发展客户的重要保证，对企业生存发展具有与产品质量、技术创新同等重要的作用，已经成为企业的第二生命线。

为客户提供优质完善的售后服务，与用户沟通、建立感情、耐心解决木地板出现的问题，来赢得客户的口碑，使消费者放心购买你的品牌，这不仅有利于木地板的推销，也对提高企业品牌的知名度起到任何广告都代替不了的宣传作用。售后服务的作用归纳起来有以下几点：

（1）它是创品牌，提升品牌知名度的必由之路。

（2）产品品质提升的依据。

（3）产品创新的源泉。

（4）产品创利润的重要组成部分。

第二节　售后服务人员素质与职责

售后服务部门虽然不直接参与营销，但它是宣传品牌的重要保证。因此，企业要教育售后服务部门的每个工作人员尽职做好售后服务的日常工作。售后服务部门工作人员的职责如下：

一、售后服务部门负责人的岗位职责

（1）负责公司日常售后服务管理工作，贯彻"以客户满意为中心，时刻维护公司形象"的理念。

（2）指导和督促部门工作人员积极做好售后服务工作，并制定奖惩制度，规范工作态度和礼仪风范。

（3）学习和掌握相关法律、法规知识，掌握商品知识，了解实木地板的售后服务范围。

（4）定期对售后服务人员进行素质、言行、技术水平的培训与指导，提高售后服务工作能力。

（5）对顾客的投诉进行信息汇总和分析，提交售后服务工作总结，并及时向有关部门反馈。

（6）负责巡查监督各项售后服务开展、效果、评估等工作。

（7）为企业销售发展提供快捷的售后服务和建议。

二、售后服务投诉受理人员素质与职责

（一）售后服务投诉受理人员素质

（1）对企业忠诚，在处理案件中能以企业利益为中心，不胡言乱语，处理问题时给客户的承诺能留有余地。

（2）办事能力强，胆大心细，遇事不慌张，遇到重大事情或事故都能及时向领导汇报与请示。

（3）熟悉木地板专业知识，能从现象看本质。

（4）态度亲切和蔼，能耐心听取客户诉说，不轻易表态，经研究协商后再表态。

（5）有广泛的人际关系，掌握实木地板验收标准及《中华人民共和国消费者权益保护法》等相关法规。

（二）售后服务投诉受理人员职责

（1）负责接待客户投诉，并做详细记录，在48h内到事故现场勘察，查找原因后与公司研究提出处理意见。

（2）督促维修人员实施案件处理方案。

（3）督促维修人员填写《售后服务档案》，详细写明存在的问题、产生原因、处理结果，并交客户签字认可。

（4）负责对客户进行跟踪回访服务，耐心听取客户意见或建议，并整理归档。

（5）对客户的投诉进行汇总归档，涉及相关部门的应及时反馈。

三、售后服务维修人员素质与职责

（一）售后服务维修人员素质

（1）维修人员经培训合格或取得岗位资质证才可以上岗。

（2）对企业忠诚，工作尽职，待人和蔼，能耐心听取客户意见。

（3）铺装业务熟练，操作规范。

（4）不得对客户卡、拿、吃、要，应爱护客户家居或办公环境。

（5）不得与客户争执，以免影响公司整体形象。

（二）售后服务维修人员职责

（1）负责公司售后服务上门维修工作。

（2）维修人员上门维修，应佩戴公司工号卡或出示有关证件才能进入客户维修场所，并应携带有关检测和维修工具及备件。

（3）服从售后服务负责人员的安排，接到维修通知后，在约定的最短时间内到达维修地点。

（4）在维修服务过程中，应耐心向客户解释事故产生的原因，尽量缓和事故对客户造成的不良情绪。

（5）维修服务完成后，根据事故产生原因、维修处理措施，将其如实填入客户投诉处理单内，并请客户签字确认。

（6）回公司及时向售后服务投诉受理人员反馈维修和处理后客户的满意度，并协助投诉受理人员整理归档。

第三节 正确对待投诉

一、概述

迄今为止，可以大胆地说，没有一家实木地板企业，没有一家经营木地板的经销商没有受理过实木地板投诉。实木地板有其特殊性，是半成品。即使正规的实木地板加工企业皆采用先进的加工设备、成熟的生产工艺，加工出优质的实木地板，也需要到客户家中安装后才能使用。因此安装质量及实木地板使用环境不当等因素都是实木地板被投诉的主要因素。

经笔者不完全调查的投诉案例表明，正规工厂生产的实木地板各种投诉案例中，产品质量投诉案例占10%～12%，安装质量投诉案例占80%以上，使用维护不当投诉案例占6%左右，虚假宣传、不规范标注材种名称案例占3%左右。所以在售后服务中正确对待投诉案例与处理好投诉案倒显得尤为重要。

目前企业对待售后服务工作仍持有不同的态度：一种是积极认真做好售后服务工作，另一种是以消极应付态度对待售后服务工作。其分别表现为：

（一）积极认真态度

（1）建立用户档案，定期回访。

（2）设立客户来电、微信、微博的咨询平台。

（3）遇投诉快速处理，帮助客户解决实木地板出现的问题。

（4）积极编写售后服务手册，告知客户使用注意事项。

（二）消极应付态度

（1）虚设售后服务部门，无专人负责，遇投诉案例不能正确对待，而是一味找理由推卸责任，迫于无奈时派遣不熟悉专业的工作人员去现场应付客户，致使客户怒气冲天，事态扩大，不仅造成经济损失，而且品牌名声彻底被毁。

（2）地板出售与铺装完工后，不做跟踪服务，认为跟踪服务是引火烧身，得不到顾客的信息反馈。

二、处理投诉案例原则和程序

（一）处理客户投诉原则

用快速的反应＋负责的态度＋专业的语言与客户沟通，并做到：

（1）最大程度地帮助客户解决实木地板铺设后出现的不良问题。

（2）最大程度地帮助公司节约售后服务成本。

（3）最大程度地避免事故向恶性投诉事件发展，妥善解决问题。

（二）客户投诉处理程序

（1）接受客户投诉。

（2）记录投诉内容与需求。

（3）派专业人员到现场勘察，查找原因。

（4）专业人员勘察后回公司与相关人员研究后答复处理意见。

（5）与客户协商解决处理方案，取得客户认可、签单、签字。

（6）派维修人员现场维修。

（7）验收客户签字。

（8）公司汇总存档。

三、正确对待客户投诉

投诉是客户对产品或服务的不满或责难，甚至还有谩骂。在过去企业或经销商的观念中，都一致认为客户投诉是在鸡蛋里挑骨头、找麻烦，只能认识到客户的投诉给企业带来负面影响，但是实际上这种观念是片面的。从另外一个角度来看，消费者的牢骚或投诉是给企业找出了质量或服务上的欠缺之处，为企业改进工作指出了方向。

实践证明，发牢骚、投诉的客户一旦问题得到圆满解决，其宣传力度会比从来没有遇到问题的客户大。因此，牢骚、投诉不可怕，只要正确对待，都能有效化解并转化为赞扬。正确处理、正确对待需要在投诉案件中做到五个"一点"：

1. 耐心多一点

售后服务人员受理投诉时，要耐心听取客户意见，鼓励客户把意见倾诉完。当售后服务人员耐心听完客户的牢骚意见后，客户也得到了发泄的满足感，减少沟通上的障碍和困难，就能比较自然地听进处理人员的解释及处理意见。

2. 态度好一点

客户的投诉都源于对产品或服务的不满。从心理上说，投诉者都觉得企业亏待他，实际质量与宣传的有差距。因此，如果在处理过程中，售后服务人员态度诚恳、礼貌，则会降低客户的怒气，使客户比较理性地与企业沟通处理方案。

3. 动作快一点

处理投诉的动作快，可以让客户感受到企业重视他反映的问题，也表示企业很有诚意解决问题，同时可以减少客户的负面宣传，降低对公司的损害。

4. 层次高一点

投诉者都希望自己投诉的问题得到重视，若较高级别的管理人员亲自处理投诉案件，会使客户感受到投诉的问题被重视，有一种被尊重的感受，心理上会减少心中的不满和怒火，进而容易接受企业的解释和处理方案。

5. 补偿多一点

客户的投诉往往是由于企业提供的地板或服务质量未满足客户的预想，客户认为利益受损，希望有所补偿。这里的补偿有物质的，还有精神的。物质的可能需要更换部分实木地板或重新铺装实木地板等。在对企业经济损失不大的原则下，可适当多补偿一点，以缓和不满的怨气。另一方面也可采取经济上少补一点、施工多补一点、精神上多说一些体贴话，让客户心理得到平衡，感受到企业解决问题的诚意。

第二十章　实木地板常遇事故案例分析

一、地板瓦变

案例一：木龙骨潮湿导致实木地板瓦变

辽宁锦州市刘女士购买桃花心木实木地板，规格为 900mm×90mm×18mm，共计 90m²，由装饰公司工人铺装。使用约一月，实木地板在太阳光线照射下板面出现波浪形，开始并不明显，后来逐渐严重。据客户投诉反映，穿着袜子在实木地板上走发现部分区域的实木地板凸起处会将尼龙袜勾坏，用手在地面滑动发现部分实木地板有中间凹、两边微微翘起的现象。

为此，刘女士很生气地拨打电话给经销商，要求经济赔偿。经销商在接到电话后马上派售后服务人员李先生到刘女士家勘察，并用含水率测定仪测定在凹陷处地板含水率为 16.2%，轻微凹瓦变处木地板含水率为 14.8%，剩余未铺装的新实木地板含水率为 9.7%～11%。

售后服务人员李先生经过含水率测定仪测定后心中已有答案，心平气和地与刘女士沟通，经过测试显示不是地板质量问题。刘女士气愤地反驳，不是地板质量问题，是谁的质量问题？总之是你们的问题。李先生接着说："您不要着急，也不要生气，我们一定帮您解决，明天我把装饰公司铺装工人与领导一起请到您家讨论解决。"

[案例分析]

第二天装饰公司工人、领导、售后服务人员与刘女士同时在现场，李先生又用含水率测定仪测定，结果与昨天数据相接近，然后把记录的测试数据给装饰公司领导与刘女士查阅，并解释出现问题的原因是实木地板下面含水率过高。装饰公司当时不信，李先生要求工人将凹瓦变最严重的地板附近的贴脚线拆开，再拆与其相近处的两排地板，用含水率测定仪测得木龙骨含水率为 21%。

该地板出现凹瓦变是地板下面木龙骨含水率超标引起的，与地板质量无关，是装饰公司选用木龙骨不当造成的。

东北地区习惯选用当地的落叶松或黄花松材种，自然干燥后做木龙骨，因此木龙骨干燥不均匀，有的含水率高，有的稍低。

这种干燥未达标、含水率偏高的木龙骨铺装在刘女士的实木地板下面，刚铺完时地板平整，随着时间推移未干透的木龙骨潮气逐渐释放，被实木地板背面吸收，背面的木纤维横向膨胀而地板正板面吸收水分少，因此使地板凹瓦变形。

［解决方案］

经过三方协商后，地板出现凹瓦变后，应尽快解决：

（1）出现凹瓦变地板的相近处将贴脚板拆除，并将靠近处的两排地板拆下，使其形成排风道，将木龙骨释放的潮气蒸发，直到木龙骨含水率≤15%再安装。

（2）将凹瓦变严重的实木地板拆下平放在阳光不直晒的地面上，上面用稍重物平整压平。待干后平整的实木地板可用于再铺，不能恢复的换新地板。

（3）换新地板的费用由装饰公司负责。

案例二：地面潮湿导致实木地板瓦变

上海徐汇区居民小区杨女士在宜山路建材城购买了94m²圆盘豆实木地板，买后由装饰公司以全包的形式铺装在杨女士新购的居室内。

杨女士在购买时询问了门市导购员许小姐，如果全包给装饰公司铺装，在铺装时需要注意什么。许小姐告知，在铺装前一定要请装饰工人测试木龙骨与地面的含水率，且需要木龙骨含水率≤15%，地面含水率≤20%。

为此杨女士在铺装时亲自督看，要求铺装的工人测试地面含水率，当时测试值为19.1%，杨女士就放心让他们铺装，铺后很满意，验收签单。但过了半个月左右，在光线照射下地板板面出现微微波浪形，随着时间推移，出现明显的中间凹两边板边微翘现象。杨女士连忙打电话给门店许小姐，表示按照你们提出的铺装要求，并且也是我自己督看，为什么会出现实木地板中间凹两边翘的不平整情况，说明你们实木地板质量有问题。许小姐听后感到疑惑并告知经理。经理派经验丰富的陈师傅去现场勘察。

陈师傅到现场勘察情况，在地板表面测定含水率发现凹处严重的实木地板表面含水率为20%，因此他肯定地与杨女士说，是由地板下面的木龙骨和地面潮湿引起的。杨女士也十分气愤地告诉陈师傅："当时亲自监督测试，是符合导购员许小姐给定的要求的，怎么会潮湿呢？"陈师很客气地解释说："您先消消气，不要生气，因为不是我铺的，我现在不能拆地板，请您打电话让铺地板的装饰工人到现场一起拆几块地板，研究问题出现的原因，如果是我们的责任，我们愿意赔偿。"

杨女士听陈师傅说话很客气也很有道理，就同意打电话请装饰工人到现场一起拆下实木地板，发现水泥地面微微有些黑色，再测定含水率，其值为29.5%。杨女士也惊呆了，为什么当时含水率才19.1%，现在怎么会变大了？

［案例分析］

杨女士所铺的房间是刚交工的新房，而且季节在四月份，杨女士急于装修。新竣工房间的地面是水泥地，水泥的特点是表面干、实质里面还不干，又遇上上海四月份是雨水多的黄梅季节，所以水泥地当时测试是干的，当地板铺完后，就相当于用一个大锅盖将其盖住，水泥里层水分没有全蒸发完，因此被实木地板背板吸收导致地板瓦变。

［解决方案］

经协商部分地板重铺，由装饰公司负责，与地板质量无关。解决措施如案例一，不再重复。

案例三：地面铺大理石致使实木地板凹瓦变

南京王先生在玄武湖小区购买了一套三居室，将室内装修全包给装饰公司，为此，装饰公司带着王先生到金陵建材城购买 95m² 亚花梨实木地板。

王先生的设计方案是客厅过道铺大理石，卧室铺亚花梨实木地板，这样来往客人可以不换鞋进入客厅。

装修全部完工后，请王先生验收，很满意。过了一个月发现卧室与客厅相接的亚花梨实木地板的边缘处微微有点凸起。王先生当时也不在意，随着时间的推移，脚感越来越明显，感觉地板不平，实木地板中间凹下去的边缘翘起。王先生觉察到事情的严重性，马上打电话给门市部，责怪地板质量有问题。为此，门市部经理派售后服务部老李前往王先生家勘察。老李携带了 2m 靠尺与含水率测定仪到王先生家现场测定。用 2m 靠尺测定卧室与客厅相接的地板，发现在靠门处实木地板平整度为 3.5mm/2m；在地板凹处周围测定地板含水率都在 18% ~ 20%；离门较远处地板含水率都为 9.8% ~ 11%。可以得出结论，在近门处的含水率偏高，其他处地板含水率达标。

［案例分析］

根据老李现场测试的数据分析可知，局部即门边处的地板下面含水率高，为此，请装饰工人把门边地板拆除，再用含水率测定仪测定该处地板含水率已达 25%，木龙骨含水率已达 19%，这样就使铺在地板处的地板吸水后产生凹瓦变。

装饰工人不解地问老李，铺装前测定地面含水率只有 18.2%，是合格的，为什么现在会变成 25% 呢？

老李回答，大理石铺设采用水泥粘结，在铺实木地板前，并没有在大理石与实木地板相接处做阻潮隔断处理。水泥特性是看似已干，实则里边没干。因此实木地板铺上后将水分锁在地板下面，随着时间推移，大理石粘结的水泥中水分逐渐向门边的实木地板移动，被实木地板背板吸收，致使凹瓦变。

［解决措施］

与案例一相同，不再重复。

案例四：防潮膜铺在龙骨上面，导致实木地板凹瓦变

江苏扬州绿地小区李女士购买 112m² 的三居室，除实木地板自买以外，全部包给装饰公司。其中还包括地板铺装。

在装饰公司工人陪同下购买了美国橡木 90m²，铺装方法采用木龙骨铺设法。

在李女士的监督下两个月完成了全部装修，木地板铺装满意。李女士经过半个月的开窗换气后住进新居，也请亲朋好友来新居小聚，大家对橡木地板的颜色和铺装都比较赞许，李女士也比较满意。

又过了半个月，在光线较亮时房间靠墙处发现有微凹现象。随着时间推移，有的地板出现明显的板面凹、两面翘的现象。

李女士马上打电话给装饰公司市场部经理。经理带着工人到现场勘察后认为是地板质量问题，应该找地板门市部。随后，李女士找到地板门市部，地板经销商派售后服务部老顾到现场勘察，并用含水率检测仪测定凹瓦变严重的地方，在靠近墙处两排最高含水率为 18% ～ 19.5%。

老顾与装饰公司协商拆掉含水率最高的两排地板。拆出后发现铺在木龙骨上的防潮膜不平整，在两根龙骨间距处因无支撑，防潮膜往下塌，再测此处拆下的地板背面含水率竟达 21%，而铺在木龙骨上的防潮膜不是平整的，呈波浪形。

[案例分析]

装饰工人把防潮膜放在木龙骨上使防潮膜在龙骨间隙处下塌，呈波浪形，无法使防潮膜接缝处封严，容易破损。因此在地面和木龙骨不是很干燥的情况下，水分虽然有防潮膜阻隔，但不严密，水分虽然不能直接进入木地板背板，但仍可沿墙边流动，极易流入靠墙处的木地板背板。同时南方温度高，室内的湿空气也容易窜到墙边的地板背板。防潮膜铺在木龙骨上的方法很多，也容易造成相同的后果，防潮膜一定要铺于地面。

[解决措施]

与案例一相同，不再重复。

二、实木地板大面积起拱

案例一：铺设后长时间不居住引起大面积起拱

北京某小区高先生在 12 月份开始装修，当墙面与顶面装修完工后于次年 1 月中旬购买了胡桃木实木地板 98m²，亲自监工铺装完成工后时间接近春节。高先生对铺装好的地板颜色和质量深感满意，特意在小区旁边饭店请装饰工人吃饭以表感谢。房子装修后，高先生出国探望女儿，数月后回来。

6 月中旬高先生回国，开门时大吃一惊，用了很大力气才把门推开，只见客厅与卧室的地板大面积起拱成"丘陵地"。怒气冲冲的高先生立即打电话给地板经销商李经理，认为地板质量有严重问题。李经理听后先安慰他，并请最有经验的李师傅来勘察现场。李师傅认真勘察后，拿起电锯锯开起拱最高点的地板，急得高先生大声喊道："你怎么把我的地板锯了？"李师傅说，先锯开再和您解释。

[案例分析]

产生原因：铺装地板是在 1 月份，是北京最干燥的季节，在铺装时严丝合缝，在业主出国的时间内门窗紧闭不通风。到了 4 月份，阴雨绵绵空气湿度很高，当年又多雨湿度大，空气中的潮湿逐渐被地板吸收，使木地板尺寸增大，向两边扩张，墙边的缝隙被挤满，地板无法再伸展自然起拱。总结原因为出国期间几个月不开窗通风造成的，如果不及时锯开，地板不能减少胀力会变形更厉害。

[解决方案]

经过双方协商，对于刚铺装好的实木地板，经销商未能提醒客户长期不住的情况下需要定期开窗通风，所以经销商需要免费修补，起拱拆下的木地板，变形大的换新板，费用由客户负责。

[提醒]

当遇到地板大面积起拱，必须快速处理，将起拱的地板锯开，以免损害更大。

案例二：地板含水率过低引起地板起拱

北京某小区业主张先生购买了樱桃木实木地板130m² 铺于客厅和卧室，于12月铺装，采用悬浮铺装法。为了方便搬家能拆卸带走，铺装工人建议采用不粘胶悬浮铺装。两天完成了铺装和验收，张先生对铺装很满意，在签单表格中表扬了工人的安装技术与工作态度。转年来到4月份，张先生发现部分区域地板微微起拱，为此立刻给经销商打电话说明情况，表示自家地板维护很好，不应该出现起拱现象。经销商带着售后服务人员赶到现场勘察，用含水率检测仪测试，发现靠近厕浴间的实木地板起拱较为严重，板面含水率为16.2%。

[案例分析]

张先生家中未拆包的实木地板含水率为9.5%，室内湿度88%，这两个数据充分说明了地板起拱的原因。张先生购买地板时，地板含水率小于北京地区平衡含水率（11%），春季雨水多湿度大，地板安装后吸湿产生膨胀，膨胀值大于当时地板预留的缝隙，故地板部分区域出现起拱。

[解决方案]

由于业主发现早，地板未因起拱而变形，而且铺装采用悬浮铺装，双方协商结果如下：

（1）经销商免费重新铺装，若有损坏变形的地板换新费用由经销商负责。

（2）为弥补业主，经销商免费对实木地板进行保养。

案例三：预留缝隙中放入木楔未取出，导致实木地板起拱

北京某小区业主黄女士在家居超市购买92m² 番龙眼实木地板，请装饰公司工人铺装，3月下旬完工并验收。黄女士对地板的铺装颜色、平整度都非常满意，开窗通风十天后搬入新家，在擦地时发现局部微微鼓起，4月下旬地板鼓起越来越明显。为此，黄女士打电话给经销商投诉问题。

[案例分析]

经销商立刻派售后服务老李前往查看，发现黄女士家未起拱的房间地板十分平整，起拱处地板含水率14%，其他处在11%～12%，都在正常范围内。老李百思不得其解，四处查看。当他走到墙边扒看缝隙才发现，墙面下边预留缝隙处理有的木楔安装完毕没有取出，木地板在室内环境湿度增大时，地板尺寸变形膨胀，但因缝隙都被木楔填满，受胀的地板无法伸展导致起拱。

[解决方案]

（1）装饰公司工人将贴脚线拆下拔出木楔，起拱处的地板重新装修，重新铺装。

（2）在拆卸过程中有损坏的地板换新的地板，费用由装饰公司负责。

案例四：外界水源泄漏，地板起拱

上海某小区王先生底商铺地暖实木地板，12 月初开地暖保温，王先生感觉室内干燥，又购买了大型加湿器，置放在客厅斜角处喷水雾加湿。半个月后王先生发现加湿器周围实木地板微微鼓起，而且有几块实木地板表面漆膜有细裂纹。王先生向经销商投诉地板质量有问题，要求全部拆除，更换新实木地板。

[案例分析]

经销商和售后服务人员老许两人在地板鼓起最高处测定含水率为 20.9%，其他周围含水率为 19.1%、17.9%，离加湿器稍远处含水率值是正常的。

从含水率分布数值来看，离加湿器越近数值越大，可以看出问题出在加湿器。通过观察加湿器，发现喷出的大部分是水雾状，但是同时有微量水滴出现。细微的水珠长期影响导致实木地板受潮，地板膨胀。当累积的膨胀量大于地板预留缝隙，地板无法延伸，只能起拱。

[解决方案]

（1）地板起拱是加湿器引起的，责任方不是地板经销商。

（2）起拱的地板必须拆除重铺，虽然责任不是经销商，但是为了提升品牌形象，地板拆除与重新铺装由经销商免费施工，若需要更换新地板，材料费由业主王先生负担。

三、地板响声

实木地板安装后，在使用过程中产生响声，是否属于地板质量问题，一直是业内讨论的话题，也是实木地板投诉的热点问题之一。《木质地板铺装、验收和使用规范》（GB/T 20238—2018）中 5.2.5.4 对异响的质量要求是："主要行走区域不明显"，因此认定产生响声的原因和责任显得更为重要。

案例一：地面不平导致响声

辽宁某小区黄先生购置 98m² 国产材柞木实木地板，在 7 月份由该公司工人铺装，正常通过验收，黄先生对地板平整度、工人的细心（将色差大的实木地板铺在不引人注意的角落）在验收单签字时在备注栏中填写表扬。使用 3 周后，黄先生打电话给经销商投诉，在卧室床边与大立柜周围踩后发出"咯吱咯吱"的响声，导致晚上不敢起床，怕影响另一位的睡眠。经销商和铺装工人立刻前往查看，为找出原因将发出响声的实木地板拆下排查。

[案例分析]

经销商和铺装工人用 2m 靠尺检测地面平整度时发现，毛坯地面高低不平，铺装工人用水泥找平。由于水泥强度等级过低，地面上置放重物处产生下陷，致使地面上固结的木龙骨有局部与地面接合不紧密，若用手使劲推有微微晃动，木龙骨不牢固使铺装龙骨上的实木地板与龙骨有微量间隙，致使实木地板榫头和榫槽有位移而产生摩擦，产生"咯吱咯吱"响声。

[解决方案]

响声处地板拆下进一步固定木龙骨，在木龙骨下面的水泥地下陷处用木垫板（片）稳定垫实，然后固定木龙骨，并用靠尺找平木龙骨后再铺装木地板。

案例二：维护不当引起实木地板响声

北京某小区业主李先生在建材城采购亚花梨实木地板 168m² 铺在客厅与卧室，铺完后对铺装工人规范施工很满意。随后请家政公司人员打扫，并在附近小建材商店购买了木质油精，喷洒在实木地板上进行保养。搬入新家居住不到一周，向经销商徐经理反馈，踩在地板上会发出像踩到碎玻璃的声响。

徐经理接到电话后马上和售后服务人员一起到李先生家查看，在客厅里来回走动时听见地板间发出如碎玻璃间摩擦的声响，用检尺、仪表测平整度和含水率的值都符合标准。但在测试过程中发现有一间卧室在上边走动时，一点儿声响都没有。徐经理和售后服务人员感到很奇怪，数据都合格，为什么会发出声响呢？

随后在了解详情时找到了原因，其中一间卧室听不见声响，是因为保养时木质油精用完了，这间卧室没有用木质油精保养。

[案例分析]

踩在实木地板板面上会听到破碎玻璃的声响，是因为喷洒了不合格的木质油精。木质油精中含有松香，不合格的木质油精中松香含量过多。当人踩在地板上，地板受压使地板侧面与松香产生摩擦，发出类似于踩碎玻璃的"咯吱咯吱"声响。

[解决方案]

此类事故产生的原因与地板质量、铺装方法都无关，但为了留下认真负责的良好印象，徐经理同意派工人协助清除已喷洒的木质油精。

案例三：木龙骨含水率不均匀引起地板响声

沈阳某小区黄女士在建材城购置 120m² 柞木地板，于 11 月中旬安装完毕，采用木龙骨铺设法。黄女士入住两个月后发现，局部位置走在上面会听见响声。

黄女士把地板经销商肖经理请到现场勘察，发现有响声处的实木地板含水率高于没有响声处的实木地板含水率。随后，铺装工人到现场拆下该处的实木地板，发现个别木龙骨局部显示黑色。

[案例分析]

个别木龙骨显示黑色斑点，说明该处含水率偏高，测定后其值为 22%，在安装时含水率就高于 22%（东北许多城市采用的木龙骨都是自然干燥，干燥不均匀）。

即使铺装时工人把木龙骨找平，地板安装后暂时不会有声响，但是在使用过程中，含水率高的木龙骨逐渐释放出水分，与当地含水率相平衡。木龙骨在释放水分的过程中会出现高低不平，导致走动时地板随着木龙骨的上下移动发出响声。

[解决方案]

经过协商，认定和解决方案如下：

（1）铺装工人采用不标准的木龙骨。

（2）将响声处的实木地板拆下，待木龙骨含水率与当地含水率相平衡后，再将木龙骨找平，重新铺装。

（3）铺装费用由经销商负责。

四、铺装后的实木地板块间隙过大

案例一：使用中央空调，环境过于干燥引起实木地板缝隙变大

广西壮族自治区某市某小区刘先生为 $480m^2$ 别墅购买了 $280m^2$ 的实木地板。地板经销商很重视这个客户，因为该小区刚刚开盘，都是有经济实力的业主，争取将该房做成样板房。安装时，经销商亲自在现场做监理，安装后，刘先生在验收签单时加了评语：非常满意。

使用不到一个月，刘先生投诉地板出现了明显的缝隙。经销商亲自到现场勘察，发现两块拼接地板处有缝隙，用塞尺进行检测缝隙为 1mm 左右。经销商与刘先生解释，缝隙目前还没有超过《木质地板铺装、验收和使用规范》（GB/T 20238—2018）的规定值，经销商也把随身带的国家标准给刘先生看。刘先生看后，虽然心中不悦，但也无话可说。经销商看他不高兴就安慰他，并说请刘先生放心，我们一定会负责的，请再等一段时间，观察是否会变得越来越大，然后再处理。

过了一段时间，经销商又接到刘先生打来电话，地板缝隙更大了。该地板已卖出 4 单，反馈质量很好，为什么会出现这样的问题呢？经销商和售后服务人员分别检测每间房间地板的含水率，为 7%～8%，唯独衣帽间地板含水率为 15.2%，地板无缝隙。室内用湿度计测定衣帽间湿度为 58%，其他房间与客厅的湿度为 32%。

[案例分析]

从实际情况和测定值分析，刘先生家使用中央空调，每天 24h 不间断，房间温度为 20～23℃。空调运行时不断向房外排湿，房间为保持恒温，不开窗，是干热的环境。在此环境中，地板就容易干缩，而衣帽间因无人活动，中央空调一直是关闭状态，地板无缝隙。

[解决方案]

造成缝隙的原因是中央空调长期运行，导致室内环境干燥，地板干缩使缝隙超标。因此，经销商与刘先生协商如下：

（1）建议刘先生经常开窗，室外的湿气进入室内，使室内外环境温湿度一致后地板

吸湿，缝隙会逐渐消失。

（2）如果刘先生的室内环境仍然保持不变，经销商可以将原有的地板重新铺装排紧，拆地板时会有损失，这些费用应该由刘先生负责，因为是使用不当引起的。但是家具要全部挪走，很麻烦，损失又大，一旦刘先生家又开窗，地板排紧，还会出现起拱现象。

（3）业主若坚持不开窗、开空调，可以买加湿器调节湿度在60%左右，地板也能不出现缝隙。

刘先生权衡了利弊，选择了第一种方案，将房间的窗经常打开，结果一个月后地板的缝隙消失。

案例二：长期无人居住引起地板缝隙

北京某小区李先生夫妻两人在建材城购买126m^{2}橡木实木地板，铺在三间卧室和一间客厅的地面上，11月上旬验收完毕，两人都认为橡木实木地板的颜色与家居装修颜色很匹配，周围邻居也都来参观，称赞地板铺装非常好。

装修完毕后，李先生去往国外探亲，次年2月底回北京，发现地板多处有缝隙，有的缝隙大到可放入五角硬币。

李先生马上打电话给经销商投诉地板质量有问题，说了很多难听话。经销商立刻来到现场勘察，用含水率检测仪与塞尺分别进行检测。

[案例分析]

检测后分析缝隙产生的原因，出厂的实木地板含水率为11.9%，11月8日铺完后业主离京。时间正好是北京市供暖时间，门窗紧闭相当于将实木地板在房间内二次干燥。实木地板中水分溢出，地板收缩，导致地板与地板间的缝隙过大。

[解决方案]

经过分析，缝隙是客户使用不当引起的，李先生无法责怪经销商，双方协商的结果是：

（1）地板板面没有损坏，经销商建议地板全部拆下重新铺装，铺装费用由经销商负责。

（2）鉴于品牌形象，经销商主动提出铺装后免费保养。

李先生听了解决方案很满意。

五、实木地板变色

案例一：铁艺家具使印茄木实木地板变色

北京某小区刘先生购买112m^{2}印茄木实木地板，铺装完成后开窗通风两周搬入新家，又在建材城购买铁艺圆茶几和铁艺靠椅一套六件放在客厅，经常请亲朋好友来喝茶，客人都对刘先生的装修和地板赞不绝口。四个月后，刘先生发现客厅茶几周围的实木地板出现了多处黑斑，甚至有一块特别明显的黑色污迹，用中性洗涤剂也擦不掉。刘先生生气地打给地板经销商投诉，地板腐朽变色，要求全部退回。

经销商检查之后也无法解释，只能说有黑斑的地板全部给业主换新的。但是刘先生不同意，害怕地板上再出现黑斑麻脸的现象，坚持要求全部换成新的地板。双方无法达成协议，经销商提议请质监局检测带有黑斑的地板，若是腐朽引起的黑斑，则马上全部退货。

[案例分析]

经过质监局的检测，木地板板面出现大面积的黑斑，是由于印茄木中含有深褐色的树胶物质。这些物质很容易渗出，与铁在潮湿条件下会发生化学反应，产生黑色斑状。而刘先生喜欢喝茶，倒茶或喝茶的时候水容易残留在铁艺家具上，导致铁艺家具生锈，铁锈和水一起落在地板表面，使周围的地板出现黑斑。而刘先生家的地板仅仅在铁艺家具周围有黑斑点。因此，不是地板质量问题，而是印茄木本身具有的性质，刘先生使用不当，最终导致黑斑出现。

[解决方案]

（1）把质监局的检测报告给业主看，提醒以后在使用中注意干燥。

（2）为了表示诚意，经销商主动提出有黑斑的地板免费更换，且鉴定费由经销商负责。

地板经销商的态度让刘先生很满意，他又介绍了两笔买卖给地板经销商。

案例二：长时间紫外线直射使甘巴豆变色

北京某小区杨先生购置甘巴豆实木地板，安装在两间阳面卧室与一间阴面书房，都是由地板经销商指派铺装工进行铺装。铺装时，杨先生亲自在旁监工，对铺装后的地板非常满意，也会经常和亲朋好友介绍此家地板。入住三个月后，杨先生发现实木地板逐渐变色，而且色差越来越大，变色最深的地方和原来的地板相比不像是同一批地板。杨先生气冲冲地冲入门市，大呼上当，要求全部退换。地板经销商边劝说边和售后服务人员去现场了解情况，查找问题的原因。

经销商和售后服务人员到现场观察，发现有的房间地板变色严重，有的房间地板变色较轻。经销商和售后服务人员坚持认为，实木地板是天然属性，变色正常，这不是地板质量问题。梁先生也承认木材的天然属性应该有轻微变色，但不应该变色如此之大。

双方僵持不下，最后杨先生提议请质监局检测。

[案例分析]

实木地板原材料木材是由木纤维素、半纤维素、木质素组成的。木质素是木材变色的主要原因，木质素由各种芳香族化合物组合而成。这些芳香族化合物中存在着吸收紫外线的官能团和吸收其他光的官能团，这些官能团发生变色反应导致木材的颜色发生变化。因此，光线充足的两间阳面卧室地板变色严重，而紫外线不足的阴面书房地板颜色变化小。质监局得出结论，实木地板的变色是木结构性能引起的，是木材固有的特性，与产品质量无关。

[解决方案]

（1）木材的变色是木材固有特性，不是由地板质量引起的。

（2）按照《木质地板铺装、验收和使用规范》（GB/T 20238—2018）中的规定，实木地板的变色不在保修范围内。但是经销商没有明确告知消费者，实木地板不能直接晒太阳，需要挂纱窗帘遮挡太阳光直射。因此质监局建议，鉴定费由经销商承担，适当给消费者一些经济补偿。

从上述案例中得到的警示是容易变色的材种在铺装完毕后，一定要提醒阳面房间应采用纱窗帘进行阳光遮挡，减少地板变色事故的发生。

六、实木地板板面出现裂纹

案例一： 预留缝隙过小导致实木地板挤裂

北京某小区陈女士购买香脂木实木地板 120m²，请装饰公司装饰完墙面与顶面后铺装，装修与铺装验收一次到位，陈女士深感满意。但是到了七八月份的时候，陈女士发现板面有细长的裂纹出现，过了几天有裂纹的板面越来越多。陈女士找到经销商诉说现状，并坚持认为地板质量有问题。

经销商与售后服务人员到陈女士家查看，发现有七八块地板板面出现裂纹。陈女士反复强调地板质量有问题，经销商与售后服务人员认为当时铺装时板面无裂纹，铺完也没有裂纹产生，不是地板质量问题。双方就"地板的质量是否有问题"没有达成一致意见。

[案例分析]

双方争执不下，请专家到现场勘察。专家发现靠墙处地板板面出现裂纹的现象多，用含水率检测仪测试该处地板含水率，结果普遍高于其他处，为 16% ～ 16.8%，又测地板的宽度，都大于原地板尺寸，板块之间缝隙被填满，证实地板已经吸潮。专家测得墙面含水率为 28%，说明墙面的潮气被靠墙的地板所吸收，地板膨胀产生挤压，当压力超过木材的抗压强度，板面出现裂纹。

鉴于上述原因，地板板面的裂纹是挤裂的，与产品质量无关。

[解决方案]

（1）墙面不干，装饰公司预留的伸缩缝过小引起挤裂，与地板经销商无关。

（2）装饰公司负责将裂纹严重的地板更换为新的地板。

案例二： 室内环境过干导致实木地板端裂

北京某小区徐先生购买 142m² 橡木实木地板，于 11 月初铺装完成。使用一个月后，徐先生发现实木地板端头有裂纹，徐先生将这种情况反馈给地板经销商，请他找出原因，并提出经济补偿。

同批次的实木地板在其他两家使用没有问题，而在徐先生家出现了端裂的情况。经销商同售后服务人员到达现场查看，测得环境湿度为 30%，有端裂的地板板面含水率为 6%，其他地板板面含水率为 9%。普遍低于当地平衡含水率（11%）。

［案例分析］

从测试的数据分析可知，端裂地板含水率 6% 过低（正常含水率为 11%），室内湿度 30% 过低（正常室内环境湿度 45%）导致地板端头失水过快而产生裂纹。本案例中，家中有两位 85 岁老人，平时暖气开通时偶尔还开空调，室内温度在 23℃以上。

［解决方案］

端裂是由环境湿度过低引起的，双方经过协商解决如下：

（1）有端裂的地板由经销商更换新地板。

（2）建议家中购置加湿器，湿度保持在 45% ～ 75%。

七、漆膜脱落

案例一：瓦变引起地板漆膜脱落

上海某小区黄女士购买香脂木豆实木地板 118m²，铺装后一个月厕卫间的水管裂开，当时无人在家，下班回来见客厅地板都是水，马上用拖把吸干，再用干布擦拭，观察客厅地板没有变形，板面也没有损坏。又过了半个月，地板板面中间有微凹现象，地板板面出现微细裂纹，有几块地板漆面出现剥落现象。此时黄女士联系经销商诉说掉漆现象，责怪地板有质量问题。

售后服务人员到现场勘察，用钢板尺、塞尺测地板凹瓦变的弦高值，最严重的两块地板是厕卫间与客厅相接处，板面的漆膜翘起，有脱落现象，并测弦高处 1.2mm，已经大于标准值 1.0mm［《木地板铺装、验收和使用规范》（GB/T 20238—2018）中规定］，再测两处地板含水率为 17%、18.2%。

鉴于数据，售后服务人员断言地板下方地面潮气太大。拆开连接处的扣板，发现地面微黑。他认为黄女士家跑过水，黄女士也承认了。

［案例分析］

地板被水泡过后，当时及时吸干水分，同时也有部分水从地板与墙、地板与地板间的空隙中流向地面，地面的水分逐渐被部分地板吸收。因此，近厕卫间的地板出现凹瓦变，挤压漆面致使轻者出现裂纹，重者漆膜部分脱落。因处理及时，漆膜脱落只有四块。

［解决方案］

本案例是由业主使用不当引起的，解决方案如下：

（1）损坏变形的地板更换新地板，费用由客户承担。

（2）经销商拆装地板时产生的铺装工的工时费，业主与经销商各出 50%。

案例二：阳光暴晒引起地板漆面开裂

北京某小区李先生购买 180m² 亚花梨实木地板，铺到两间阳面卧室和一间阴面卧室及阳面大客厅。两个月后发现局部地板有漆面稍微脱落现象，随着时间推移，特别是大客厅地板漆膜脱落严重，阴面房间无此现象。

[案例分析]

售后服务人员到现场勘察，发现阳面的房间都有此现象，客厅尤为严重。分析得出结论，客厅是落地窗，阳光从早晨 8：00 开始一直晒到下午 2：30，长期暴晒使漆膜急速收缩，而木材含水率偏高收缩慢，两者收缩不均匀，导致漆膜局部脱落。

[解决方案]

漆膜脱落是由阳光暴晒引起的，经过双方协商解决方案如下：

（1）经销商没有明确告知消费者，实木地板不能直接晒太阳，需要有纱窗帘遮挡。

（2）经销商免费给业主更换漆膜脱落的地板，费用由经销商负责。

附　录

附录1 实木地板的外观质量和理化性能要求

《实木地板 第1部分：技术要求》（GB/T 15036.1—2018）中关于外观质量和理化性能的要求，详见附表1-1和附表1-2。

附表1-1 外观质量要求

名称	正面		背面
	优等品	合格品	
活节	直径≤15mm不计，15mm<直径<50mm，地板长度≤760mm，≤1个；760mm<地板长度≤1200mm，≤3个；地板长度>1200mm，5个	直径≤50mm，个数不限	不限
死节	应修补，直径≤5mm，地板长度<760mm，≤1个；760mm<地板长度≤1200mm，≤3个；地板长度>1200mm，≤5个	应修补，直径≤10mm，地板长度≤760mm≤2个；地板长度>760mm，≤5个	应修补，不限尺寸或数量
蛀孔	应修补，直径≤1mm，地板长度≤760mm，≤3个；地板长度>760mm，≤5个	应修补，直径≤2mm，地板长度≤760mm，≤5个；地板长度>760mm，≤10个	应修补，直径≤3mm，个数≤15个
表面裂纹	应修补，裂长≤长度的15%，裂宽≤0.50mm，条数≤2条	应修补，裂长≤长度的20%，裂宽≤1.0mm，条数≤3条	应修补，裂长≤长度的20%，裂宽≤2.0mm，条数≤3条
树脂囊	不得有	长度≤10mm，宽度≤2mm，≤2个	不限
髓斑	不得有	不限	不限
腐朽	不得有		腐朽面积≤20%，不剥落，也不能捻成粉末
缺棱	不得有		长度≤地板长度的30%；宽度≤地板宽度的20%
加工波纹	不得有	不明显	不限

续表

名称	正面		背面
	优等品	合格品	
榫舌残缺	不得有	缺榫长度≤地板总长度的 15%，且缺榫宽度不超过榫舌宽度的 1/3	
漆膜划痕	不得有	不明显	—
漆膜鼓泡	不得有		—
漏漆	不得有		—
漆膜皱皮	不得有		—
漆膜上针孔	不得有	直径≤0.5mm，≤3 个	—
漆膜粒子	长度≤760mm，≤1 个；长度>760mm，≤2 个	长度≤760mm，≤3 个；长度>760mm，≤5 个	—

注：1. 在自然光或光照度 300～600lx 范围内的近似自然光（例如 40 W 日光灯）下，视距为 700～1000mm，目测不能清晰地观察到的缺陷即为不明显。

2. 非平面地板的活节、死节、蛀孔、表面裂纹、加工波纹不做要求。

附表 1-2 理化性能要求

检验项目		单位	优等品	合格品
含水率		%	6.0≤含水率≤我国各使用地区的木材平衡含水率	
			同批地板试样间平均含水率最大值与最小值之差不得超过 3.0，且同一板内含水率最大值与最小值之差不得超过 2.5	
漆膜表面耐磨		—	≤0.08g/100r，且漆膜未磨透	≤0.12g/100r，且漆膜未磨透
漆膜附着力		级	≤1	≤3
漆膜硬度		—	≥H	
漆膜表面耐污染		—	无污染痕迹	
重金属含量（限色漆）	可溶性铅	mg/kg	≤30	
	可溶性镉	mg/kg	≤25	
	可溶性铬	mg/kg	≤20	
	可溶性汞	mg/kg	≤20	

附录2 地采暖用实木地板的稳定性要求

《地采暖用实木地板技术要求》（GB/T 35913—2018）中关于地采暖用实木地板的耐热尺寸稳定性、耐湿尺寸稳定性要求，详见附表 2-1。

附表 2-1 耐热尺寸稳定性、耐湿尺寸稳定性要求

项目		要求
耐热尺寸稳定性（收缩率）	长	≤ 0.20%
	宽	≤ 1.50%
耐湿尺寸稳定性（膨胀率）	长	≤ 0.20%
	宽	≤ 0.80%

附录3　实木地板中有害物质限量的限量值要求

《木器涂料中有害物质限量》（GB 18581—2020）中关于产品有害物质限量的限量值要求，详见附表3-1。

附表 3-1　有害物质限量的限量值要求（部分）

项目			限量值								
			溶剂型涂料（含腻子）a				水性涂料（含腻子）b		辐射固化涂料（含腻子）		粉末涂料
			聚氨酯类	硝基类（限工厂化涂装使用）	醇酸类	不饱和聚酯类	色漆	清漆	水性b	非水性a	
VOC含量	涂料 /（g/L） ≤		面漆［光泽（60°）≥80 单位值］：550 面漆［光泽（60°）<80 单位值］：650 底漆：600	700	450	420	250	300	250	420	—
	溶剂型腻子 /（g/L） ≤		400			300	—		—		
	水性和辐射固化腻子 /（g/kg） ≤		—				60		60		
甲醛含量 /（mg/kg） ≤			—				100		100	—	—
总铅（Pb）含量 /（mg/kg） ≤（限色漆c、腻子和醇酸清漆）			90								
可溶性重金属含量 /（mg/kg） ≤（限色漆c、腻子和醇酸清漆）	镉（Cd）含量		75								
	铬（Cr）含量		60								
	汞（Hg）含量		60								
苯含量 / % ≤			0.1				—		—	0.1	—
甲苯与二甲苯（含乙苯）总和含量 / % ≤			20	20	5	10	—		—	5	—

a　按产品明示的施工状态下的施工配比混合后测定，如多组分的某组分的使用量为某一范围时，应按照产品施工状态下的施工配比规定的最大比例混合后进行测定。

b　涂料产品所有项目均不考虑水的稀释比例。膏状腻子和仅以水稀释的粉状腻子所有项目均不考虑水的稀释配比；粉状腻子（除仅以水稀释的粉状腻子外）除总铅、可溶性重金属项目直接测试粉体外，其余项目按产品明示的施工状态下的施工配比将粉体与水、胶粘剂等其他液体混合后测试。如施工状态下的施工配比为某一范围时，应按照水用量最小、胶粘剂等其他液体用量最大的配比混合后测试。

c　指含有颜料、体质颜料、染料的一类涂料。

附录4 实木地板的质量要求

《木质地板铺装、验收和使用规范》（GB/T 20238—2018）中关于实木地板、实木集成地板、重组木地板和竹地板铺装质量要求以及踢脚线安装质量要求，详见附表 4-1 和附表 4-2。

附表 4-1 实木地板、实木集成地板、重组木地板和竹地板铺装质量要求

项目	测量工具	质量要求
表面平整度	2 m 靠尺；钢板尺，分度值 0.5mm	≤ 3.0mm/2m
拼装高度差 [a]	塞尺，分度值 0.02mm	≤ 0.6mm
拼装离缝	塞尺，分度值 0.02mm	≤ 0.8mm
地板与墙及地面固定物间的间隙	钢板尺，分度值 0.5mm	8 ~ 12mm
漆面	—	无损伤、无明显划痕
异响	—	主要行走区域不明显

a 非平面类仿古木质地板不检拼装高度差。

附表 4-2 踢脚线安装质量要求

项目	测量工具	质量要求
踢脚线与门框的间隙	钢板尺，分度值 0.5mm	≤ 2.0mm
踢脚线拼缝间隙	塞尺，分度值 0.02mm	≤ 1.0mm
踢脚线与地板表面的间隙	塞尺，分度值 0.02mm	≤ 3.0mm
同一面墙踢脚线上沿直度	2m 靠尺；钢板尺，分度值 0.5mm	≤ 3.0mm/2m
踢脚线接口高度差	钢板尺，分度值 0.5mm	≤ 1.0mm

附录5 我国各省（区）、直辖市木材平衡含水率值

我国各省（区）、直辖市木材平衡含水率值，根据 1950—1970 年气象资料查定。

省市名称	平衡含水率 (%)			省市名称	平衡含水率 (%)		
	最大	最小	平均		最大	最小	平均
黑龙江	14.9	12.5	13.6	湖北	16.8	12.9	15.0
吉林	14.5	11.3	13.1	湖南	17.0	15.0	16.0
辽宁	14.5	10.1	12.2	广东	17.8	14.6	15.9
新疆	13.0	7.5	10.0	海南（海口）	19.8	16.0	17.6
青海	13.5	7.2	10.2	广西	16.8	14.0	15.5
甘肃	13.9	8.2	11.1	四川	17.3	9.2	14.3
宁夏	12.2	9.7	10.6	贵州	18.4	14.4	16.3
陕西	15.9	10.5	12.8	云南	18.3	9.4	14.3
内蒙古	14.7	7.7	11.1	西藏	13.4	8.6	10.6
山西	13.5	9.9	11.4	北京	11.4	10.8	11.1
河北	13.0	10.1	11.5	天津	13.0	12.1	12.6
山东	14.8	10.1	12.9	上海	17.3	13.6	15.6
江苏	17.0	13.5	15.3	重庆	18.2	13.6	15.8
安徽	16.5	13.3	14.9	台湾（台北）	18.0	14.7	16.4
浙江	17.0	14.4	16.0	香港	暂缺	暂缺	暂缺
江西	17.0	14.2	15.6	澳门	暂缺	暂缺	暂缺
福建	17.4	13.7	15.7	全国			13.4
河南	15.2	11.3	13.2				

附录6 我国160个主要城市木材平衡含水率气象值

省名	地名	月份												年平均
		1	2	3	4	5	6	7	8	9	10	11	12	
黑龙江	呼 玛			13.0	10.7	10.0	12.7	14.9	16.0	14.5	12.7	14.3		13.6
	嫩 江			13.4	10.5	10.4	12.5	15.5	16.0	14.7	13.0	14.5		14.0
	伊 春		15.1	13.0	10.9	11.0	13.5	15.6	16.8	15.4	13.2	14.8		14.2
	齐齐哈尔	14.9	13.5	11.0	9.6	10.0	11.5	13.9	14.4	13.9	12.2	12.8	14.2	12.7
	鹤 岗	13.2	12.2	10.7	9.7	10.3	12.2	15.5	15.9	13.7	11.2	12.3	13.4	12.5
	安 达	15.6	14.0	11.5	9.6	9.5	11.2	14.0	14.3	13.1	12.7	13.2	14.8	12.8
	哈尔滨	15.6	14.5	12.0	10.5	9.7	11.9	14.7	15.5	13.9	12.6	13.3	14.9	13.3
	鸡 西	14.2	13.2	12.0	10.5	10.6	13.4	14.8	16.2	14.6	12.4	12.4	14.2	13.3
	牡丹江	15.3	13.7	12.2	10.6	10.7	13.3	14.8	15.8	14.6	13.3	13.6	14.9	13.6
吉林	吉 林	15.7	14.8	12.8	11.2	10.6	12.9	15.6	17.0	14.9	13.7	14.0	14.9	14.0
	长 春	14.5	13.0	11.2	10.1	9.8	12.2	15.0	15.8	13.8	12.3	13.1	14.1	12.9
	敦 化	14.3	13.5	12.4	11.0	11.4	14.5	13.8	14.1	15.3	13.3	13.6	14.2	13.5
	四 平	14.4	12.9	11.2	10.3	9.8	12.4	15.0	16.0	14.3	12.9	13.2	13.0	13.0
	延 吉	13.0	11.9	11.0	10.5	11.1	13.9	15.8	16.2	14.9	13.0	12.8	13.2	13.1
	通 化	15.8	14.2	13.0	11.0	10.8	13.6	15.8	16.6	15.6	13.9	14.6	15.0	14.2
辽宁	阜 新	11.6	10.5	9.7	9.5	9.2	11.9	14.4	14.8	12.7	12.1	11.8	11.5	11.6
	抚 顺	15.1	13.7	12.4	11.5	12.2	13.0	15.0	16.0	14.5	13.4	13.6	14.9	13.8
	沈 阳	13.5	12.2	10.8	10.4	10.1	12.6	15.0	15.1	13.7	13.1	12.7	12.9	12.7
	本 溪	13.4	12.4	11.0	9.7	9.5	11.6	14.1	14.7	13.5	12.5	12.7	13.7	12.4
	锦 州	11.2	10.4	9.7	9.7	9.7	12.6	15.3	15.0	12.4	11.6	10.9	10.6	11.6
	鞍 山	13.0	11.9	11.2	10.2	9.6	11.9	14.6	15.6	13.4	12.6	12.7	12.7	12.5
	营 口	12.9	12.3	11.7	11.3	11.1	13.0	15.0	15.3	13.4	13.4	13.0	13.0	13.0
	丹 东	12.4	12.0	12.5	12.9	14.1	6.8	19.4	18.3	15.3	14.0	13.0	12.7	14.5
	大 连	12.0	11.9	11.9	11.5	12.0	15.2	19.4	17.3	13.3	12.3	11.9	11.8	13.4
新疆	克拉玛依	16.8	15.3	11.0	7.4	6.3	5.9	5.6	5.4	6.8	8.8	12.6	16.1	9.8
	伊 宁	16.8	16.9	14.8	11.0	10.7	10.9	10.8	10.2	10.5	11.9	14.9	16.9	13.0
	乌鲁木齐	16.8	16.0	14.4	9.6	8.5	7.7	7.6	8.0	8.5	11.1	15.2	16.6	11.6
	吐鲁番	11.3	9.3	7.1	5.8	5.5	5.6	5.7	6.4	7.4	9.2	10.3	12.5	8.0
	哈 密	13.7	10.5	7.8	6.1	5.7	6.1	6.2	6.4	6.9	8.1	10.3	12.7	8.4

续表

省名	地名	月份												年平均
		1	2	3	4	5	6	7	8	9	10	11	12	
青海	祁连	10.0	9.8	9.5	9.8	10.9	11.0	12.9	13.0	12.6	11.3	10.9	10.4	11.1
	大柴旦	9.5	9.1	7.1	6.6	7.3	7.6	8.0	7.9	7.6	7.6	8.4	9.3	8.0
	西宁	10.7	10.0	9.4	10.2	10.7	10.8	12.3	12.8	13.0	12.8	11.8	11.4	11.3
	共和	9.3	10.1	8.1	8.7	9.9	10.6	12.0	12.3	12.3	11.8	10.4	10.0	10.5
	格尔木	9.6	8.0	6.9	6.4	6.6	6.7	7.2	7.3	7.3	7.6	8.8	9.4	7.7
	同仁	9.0	9.2	9.1	9.7	11.0	11.9	13.3	12.8	13.5	12.4	11.4	9.4	11.0
	玛多	11.6	11.2	10.5	10.2	11.1	11.9	12.9	13.0	12.8	12.8	11.3	11.8	11.8
	玉树	9.6	9.1	8.9	9.6	10.8	10.5	13.4	13.7	13.9	12.4	10.1	9.3	10.9
甘肃	安西	11.6	9.9	7.5	6.6	6.2	6.4	6.9	7.1	6.9	7.6	9.6	11.6	8.2
	玉门镇	11.7	10.0	8.1	6.8	6.4	7.0	8.2	7.9	7.5	8.1	9.4	11.3	8.5
	敦煌	11.0	9.6	7.6	6.9	6.8	7.0	7.7	8.8	7.8	8.4	10.1	11.4	8.6
	酒泉	11.7	10.7	10.3	7.6	7.2	7.7	9.1	9.7	8.7	9.0	10.0	11.7	9.4
	张掖	12.1	10.7	9.3	8.3	8.6	9.1	10.1	10.2	10.4	10.9	11.8	12.6	10.3
	兰州	12.1	10.8	9.8	9.5	9.5	9.5	10.8	11.9	12.8	13.3	12.8	13.3	11.3
	天水	12.3	12.5	11.7	11.5	11.6	11.5	13.5	14.0	15.7	15.7	14.8	13.8	13.2
宁夏	石嘴山	10.6	9.7	8.8	8.5	8.6	8.7	10.3	11.2	10.8	11.1	11.3	11.4	10.1
	银川	12.4	11.0	10.3	9.4	9.2	10.7	11.6	13.0	12.6	12.5	13.0	13.4	11.5
	盐池	9.7	10.0	8.8	8.6	8.2	10.3	10.6	12.2	11.6	11.6	10.7	11.1	10.1
	中宁	10.4	9.7	9.0	8.6	9.0	10.0	10.6	12.0	12.2	11.8	11.9	11.3	10.5
	同心	10.5	9.6	8.8	8.7	8.7	13.4	10.2	11.5	12.0	12.3	11.8	11.2	10.3
	固原	10.8	11.1	10.8	10.8	10.7	12.1	13.6	14.2	14.7	14.5	13.1	11.6	12.2
陕西	榆林	11.9	12.0	9.9	9.3	8.7	8.9	11.1	12.5	12.0	12.3	12.2	12.7	11.1
	延安	11.2	11.0	10.7	10.3	10.5	10.7	13.7	14.9	14.8	13.8	13.0	12.2	12.2
	宝鸡	12.6	12.8	12.6	12.9	12.2	10.3	12.7	13.3	15.7	15.6	14.7	14.0	13.3
	西安	13.2	13.5	12.9	13.4	13.2	10.0	12.9	13.7	15.9	15.8	15.9	14.5	13.7
	汉中	15.4	15.1	14.6	14.8	14.4	13.4	15.1	15.9	17.6	18.4	18.6	17.7	15.9
	安康	13.8	12.4	12.8	13.5	13.6	12.1	13.7	13.2	15.2	16.0	16.9	14.8	14.0
内蒙古	满洲里		15.4	12.7	9.6	8.9	10.0	13.4	14.2	12.9	12.2	14.1		12.7
	海拉尔			15.1	11.2	9.7	11.1	13.6	14.5	13.6	12.7	13.9		13.8
	博克图		14.6	11.7	10.1	9.1	12.4	15.6	16.0	13.6	12.0	13.8	15.5	13.3
	呼和浩特	12.0	11.3	9.2	9.0	8.3	9.2	11.6	13.0	11.9	11.9	11.7	12.1	10.9
	根河		14.3	14.0	11.0	13.0	16.5	16.5	15.6	14.0	16.4			14.7
	通辽	11.7	10.3	9.3	8.8	8.5	11.2	13.6	14.2	12.4	11.4	11.3	11.6	11.2
	赤峰	10.1	9.8	8.8	7.4	7.6	9.8	12.0	12.5	10.7	9.8	9.8	10.1	9.9

续表

省名	地名	月 份												年平均
		1	2	3	4	5	6	7	8	9	10	11	12	
山西	大同	11.0	10.5	9.7	8.9	8.5	9.8	12.0	13.0	11.0	11.2	10.7	10.9	10.6
	阳泉	9.2	9.6	10.0	9.0	8.6	9.7	9.1	14.8	12.7	11.8	10.5	9.7	10.4
	太原	10.6	10.4	10.2	9.4	9.5	10.1	13.1	14.5	13.8	12.9	12.6	11.6	11.6
	晋城	10.9	11.2	11.6	11.2	10.7	10.8	14.7	15.4	14.2	12.8	11.9	10.9	12.2
	运城	11.4	11.0	11.2	11.6	11.0	9.5	12.7	12.6	13.6	13.4	14.2	12.5	12.1
河北	北京	9.6	10.2	10.2	9.3	9.4	10.7	14.6	15.6	13.0	12.6	11.6	10.4	11.4
	天津	10.8	11.3	11.2	10.2	10.0	11.7	14.8	14.9	13.3	12.6	12.5	11.8	12.1
	承德	10.1	9.8	9.1	8.2	8.4	10.6	13.3	13.9	12.1	11.3	10.7	10.6	10.7
	张家口	10.3	10.0	9.2	8.3	7.9	9.4	12.2	13.2	10.9	10.4	10.3	10.5	10.2
	唐山	10.6	10.9	10.6	10.1	9.7	11.5	15.2	15.6	13.1	12.8	12.0	11.2	12.0
	保定	11.3	11.5	11.3	9.8	9.8	10.2	14.0	15.6	13.1	13.2	13.4	12.4	12.1
	石家庄	10.7	11.3	10.7	9.4	9.6	9.8	14.0	15.6	13.1	12.9	12.8	12.0	11.8
	邢台	11.7	11.6	11.1	10.3	9.9	10.0	14.3	16.0	13.8	13.4	13.5	12.9	12.4
山东	德州	12.1	12.2		10.3		9.6	14.0	15.2	13.0	12.7	13.0	13.2	12.2
	济南	10.9	11.2	11.1	9.3	9.5	9.3		9.8	9.9	10.9	10.0	11.6	10.1
	青岛	13.5	13.6	12.9	12.9	13.2	15.5	19.2	18.2	15.2	14.4	14.5	14.6	14.8
	兖州	12.9	12.5	11.4	10.8	10.7	10.4	15.2	15.5	14.0	12.9	13.7	13.6	12.8
	临沂	12.2	12.5	12.0	11.7	11.6	12.4	16.8	15.8	14.3	12.8	13.2	13.0	13.2
江苏	徐州	13.4	13.0	12.4	12.4	11.9	11.7	16.2	16.3	14.6	13.4	13.9	14.0	13.6
	上海	14.9	16.0	15.8	15.5	13.6	17.3	16.3	16.1	16.0	15.0	15.6	15.6	15.6
	连云港	13.4	13.5	12.6	12.3	12.0	12.8	15.8	15.1	14.0	13.0	13.6	13.6	13.5
	镇江	13.7	14.4	14.6	14.9	14.6	14.6	16.2	16.1	15.7	14.2	14.7	14.2	14.8
	南通	15.5	16.4	16.6	16.6	16.4	16.9	18.0	18.0	16.9	15.4	15.9	15.6	16.5
	南京	14.4	14.8	14.7	14.5	14.6	14.6	15.8	15.5	15.6	14.5	15.2	15.0	14.9
	武进	15.1	15.7	15.8	16.1	15.9	15.6	16.1	16.5	16.9	15.4	15.9	15.9	15.9
安徽	蚌埠	14.2	14.1	14.1	13.6	13.0	12.2	15.0	15.2	14.8	13.7	14.3	14.4	14.1
	阜阳	13.5	13.4	13.9	14.3	13.8	12.0	15.5	15.5	14.8	13.6	13.6	13.9	14.0
	合肥	14.9	14.8	14.8	15.1	14.6	14.4	15.8	15.0	15.0	14.1	15.0	15.0	14.9
	芜湖	15.5	16.0	16.5	15.8	15.5	15.1	15.9	15.4	15.7	15.0	16.0	15.9	15.7
	安庆	14.6	15.3	15.8	15.7	15.5	15.1	15.0	14.4	14.6	13.9	14.8	15.0	15.0
	屯溪	15.7	16.3	16.5	16.0	16.1	16.4	14.8	14.7	15.0	15.4	16.4	16.7	15.8

续表

省名	地 名	月 份												年平均
		1	2	3	4	5	6	7	8	9	10	11	12	
浙江	杭 州	16.0	17.1	17.4	17.0	16.8	16.8	15.5	16.1	17.8	16.5	17.1	17.0	16.8
	定 海	13.6	15.0	15.7	17.0	18.0	19.5	18.5	16.5	15.2	13.9	14.1	14.1	15.9
	鄞 县	15.6	17.0	17.2	17.0	16.7	18.3	16.5	16.1	17.7	16.8	17.0	16.6	16.9
	金 华	14.8	15.6	16.5	15.4	15.5	16.0	13.3	13.4	14.4	14.5	15.1	15.9	15.0
	衢 州	16.0	16.8	17.1	16.0	16.1	16.3	14.1	13.9	14.4	14.5	15.5	16.1	15.6
	温 州	14.7	16.5	18.0	18.3	18.5	19.4	16.0	16.5	16.8	15.0	14.9	14.9	16.8
江西	九 江	15.0	15.6	16.5	16.0	15.8	15.7	14.1	14.4	14.8	14.5	15.1	15.2	15.2
	景德镇	15.4	16.1	16.9	16.0	16.6	16.8	15.0	14.8	14.4	15.0	15.5	16.2	15.7
	南 昌	15.0	16.6	17.5	16.9	16.5	16.2	13.9	13.9	14.1	13.9	15.0	15.2	15.4
	萍 乡	17.6	19.3	19.0	17.8	17.0	16.2	13.8	14.8	15.6	16.0	18.0	18.3	17.0
	赣 州	14.9	16.5	17.0	16.5	15.3	15.5	12.8	13.3	13.1	13.2	14.6	15.4	14.8
福建	南 平	15.7	16.4	16.1	15.9	16.0	16.8	14.1	14.5	14.9	14.9	15.8	16.4	15.6
	福 州	14.2	15.6	16.6	16.0	16.5	17.2	14.8	14.9	14.9	13.4	13.7	13.9	15.1
	龙 岩	13.8	15.0	15.8	15.2	15.4	16.8	14.5	14.8	14.3	13.5	13.7	13.9	13.7
	厦 门	13.9	15.3	16.1	16.5	17.4	17.6	15.8	15.4	14.0	12.4	12.9	13.6	15.1
台湾	台 北	18.0	17.9	17.2	17.5	15.9	16.1	14.7	14.7	15.1	15.4	17.0	16.9	16.4
河南	开 封	13.0	13.2	12.7	12.0	11.6	10.8	15.1	15.9	14.3	13.8	14.5	13.8	13.4
	郑 州	12.0	12.6	12.2	11.6	10.8	9.7	14.0	15.1	13.4	13.0	13.4	12.3	12.5
	洛 阳	11.4	12.0	11.9	11.6	10.8	9.7	13.6	14.9	13.4	13.3	13.4	12.0	11.3
	商 丘	14.3	14.0	13.5	13.0	12.1	11.4	15.5	15.8	14.8	14.0	14.4	14.6	14.0
	许 昌	12.4	12.7	12.9	12.8	12.1	10.5	14.8	15.5	14.0	13.5	13.6	13.0	13.2
	南 阳	13.5	13.2	13.4	13.6	13.0	11.4	15.1	15.2	13.8	13.8	14.3	13.9	12.9
	信 阳	15.0	15.1	15.1	14.9	14.4	13.5	15.5	15.9	15.5	15.1	15.8	15.4	15.1

省名	地名	月 份												年平均
		1	2	3	4	5	6	7	8	9	10	11	12	
湖北	宜昌	14.8	14.5	15.4	15.3	15.0	14.6	15.6	15.1	14.1	14.7	15.6	15.5	15.0
	汉口	15.5	16.0	16.9	16.5	15.8	14.9	15.0	14.7	14.7	15.0	15.9	15.5	15.5
	恩施	18.0	17.0	16.8	16.0	16.1	15.1	15.5	15.1	15.4	17.3	19.0	19.8	16.8
	黄石	15.4	15.5	16.4	16.5	15.5	15.1	14.4	14.7	14.5	14.5	15.4	15.8	15.3
湖南	岳阳	15.4	16.1	16.9	17.0	16.1	15.5	13.8	14.8	15.0	15.3	15.9	15.8	15.6
	常德	16.7	17.0	17.5	17.4	16.1	16.0	15.0	15.5	15.4	16.0	16.8	17.0	15.0
	长沙	16.4	17.5	17.6	17.4	16.6	15.5	13.5	13.8	14.6	15.2	16.2	16.6	15.9
	邵阳	15.6	17.0	17.1	17.0	16.6	15.2	13.6	13.9	13.3	14.4	15.9	15.8	15.5
	衡阳	16.4	18.0	18.0	17.2	16.0	15.1	12.8	13.4	13.2	14.4	16.1	16.6	15.6
	郴县	17.6	19.2	18.0	16.8	16.5	14.8	12.5	14.2	15.7	16.4	18.0	18.9	16.6
广东	韶关	13.8	15.5	16.0	16.2	15.6	15.5	13.8	14.4	13.7	13.0	13.5	14.0	14.6
	汕头	15.5	17.0	17.5	17.5	17.9	18.5	17.0	17.0	16.2	15.0	15.3	15.4	16.7
	广州	13.1	15.5	17.3	17.5	17.5	18.0	17.0	16.5	13.5	13.4	12.9	12.8	15.6
	湛江	15.4	18.8	20.2	18.9	16.5	17.0	15.8	16.5	15.7	14.4	14.6	15.0	16.6
	海口	18.2	19.8	19.0	17.5	16.6	17.0	16.0	18.0	18.0	16.7	17.0	17.7	17.6
	西沙	15.0	15.6	16.0	15.8	15.6	17.0	17.0	17.0	17.5	15.8	16.0	15.0	16.1
广西	桂林	13.7	15.1	16.1	16.5	16.0	15.5	14.7	15.1	13.0	12.8	13.7	13.6	14.7
	梧州	13.5	15.5	17.0	16.6	16.4	16.5	15.4	15.8	14.8	13.2	13.6	14.1	15.2
	南宁	14.4	15.8	17.5	16.5	15.5	16.1	16.0	16.1	14.8	13.9	14.5	14.3	15.5
四川	阿坝	11.1	11.2	11.1	11.3	12.5	14.2	15.5	15.6	15.8	14.6	12.8	11.6	13.1
	绵阳	15.4	15.2	14.5	14.1	13.5	14.5	16.5	17.1	16.6	17.4	19.0	16.6	16.7
	万州	17.5	15.8	15.9	15.6	15.8	15.9	15.4	15.0	16.0	18.0	18.0	18.6	16.5
	成都	16.3	17.0	15.5	15.3	14.8	16.0	17.6	17.7	18.0	18.8	17.5	18.0	16.9
	雅安	15.6	16.1	15.2	14.5	14.0	13.8	15.1	15.5	17.0	18.5	17.5	17.5	15.9
	重庆	17.0	15.7	14.9	14.5	15.0	15.2	14.2	13.6	15.3	18.2	18.0	18.1	15.8
	乐山	16.1	17.0	15.2	14.6	14.8	15.5	17.0	17.1	17.5	18.7	18.0	17.6	16.6
	宜宾	17.0	16.9	15.1	14.6	14.8	15.6	16.6	16.0	16.9	19.1	16.5	17.0	16.5

续表

省名	地 名	月 份												年平均
		1	2	3	4	5	6	7	8	9	10	11	12	
贵州	同 仁	15.4	15.5	16.0	16.0	16.6	16.0	15.0	15.1	14.5	16.0	16.2	15.8	15.7
	遵 义	16.6	16.5	16.4	15.4	15.9	15.4	14.6	15.3	15.4	17.9	17.6	18.0	16.3
	贵 阳	16.0	15.9	14.7	14.2	15.0	15.1	14.9	15.0	14.6	15.7	16.0	16.1	15.3
	安 顺	17.7	17.6	15.4	14.5	15.6	15.9	16.5	16.6	15.5	17.5	17.1	18.0	16.5
	榕 江	14.7	15.1	15.2	15.2	16.1	16.8	17.0	16.9	15.2	15.9	16.1	15.7	15.8
云南	丽 江	9.0	9.3	9.4	9.6	10.7	14.6	16.5	17.5	17.0	14.4	11.5	10.2	12.5
	昆 明	13.2	11.9	10.9	10.3	11.8	15.3	17.0	17.7	16.9	17.0	15.0	14.3	14.3
西藏	昌 都	8.4	8.5	8.3	8.6	9.3	11.2	12.1	12.8	12.5	11.1	9.1	8.8	10.1
	拉 萨	7.0	6.7	7.0	7.6	8.1	9.9	12.6	13.4	12.3	9.5	8.2	8.1	9.2
	日喀则	7.2	5.7	6.1	6.2	7.1	9.5	12.4	13.8	11.8	9.9	7.5	7.6	8.7
	江 孜	6.1	5.8	6.5	7.1	8.1	9.8	12.5	14.3	12.5	8.9	7.5	6.9	8.0

附录7 地板售后服务的六个签字

附表 7-1　地板供货订购单

No.　　　　　　　　　　　　　　　　　　　　　　　　　　　　　　　　　年 月 日

客户方	姓名		销售方	姓名	
	地址			地址	
	电话			电话	

商品名称	规格	数量	单价	金额（元）							备注
				万	千	百	十	元	角	分	

合计人民币金额（大写）　　　　　　　　　　　　　　　　　　　　　　　　小写

收订金	元	欠款	元
提货日期　　　　年 月 日		安装日期　　　　年 月 日	
客户签字		收款人签字	

备注	1.地板源于自然生长之树林，因此色差不属于质量问题，望勿苛求。 2.请预付订金 500~1000 元，一周之内无须理由，订金可全额退还，或更换其他地板产品。由于客户自己原因要求退单，我公司将从订金中扣除全额货款的 3% 手续费及配货损失。 3.若销售方不能按时交付地板，应事先向客户说明原因，并及时更换其他相近的地板产品，否则每超过一天支付客户总货款万分之三的违约金。 4.送货前应事先与客户联系，明确送货到达时间、详细地址。上门后，请务必对商品验收（订货 ≥ 50m² 抽检五包，订货 ≤ 50m² 抽检三包）。 5.根据行业规范，买我们的地板，由我们铺设。若不用我们铺设，务必验收地板。谁铺设谁承担保修责任及售后服务。 6.请客户签单前仔细阅读，谢谢合作！

附表7-2 地板质量验收单

亲爱的顾客：欢迎您订购我公司地板，我公司将为您提供周到、全面的服务！

为了保护您的合法权益，请您在收到我公司地板货物后进行质量验收。若货物与订单上的要求不符，客户可无条件换货。若因客户自己原因要求退货，退货搬运费应由客户承担，从订货款中扣除总货款的3%作为我公司的补偿。

客户购买我公司地板，均由我公司负责铺设，并由铺设方承担保修及售后服务责任。

No. 　　　　　　　　　　　　　　　　　　　　　　　　　　　　　　　　　年 　月 　日

客户姓名		地址		电话	
材种		规格			
数量		等级			
油漆		平均含水率			
拼装精度		天然缺陷			
是否是您原来订购的地板	是□		否□		
辅料配件是否符合您订购的质量要求	是□		否□		

1. 地板源于大自然生长之树木，自然缺陷在所难免，望勿苛求，属于非质量问题。望对加工缺陷严格检查。
2. 客户对产品进行抽检（订货 ≥ 50m² 抽检五包以内，订货 ≤ 50m² 抽检三包以内）。
3. 客户对产品验收合格后，请付清全部余款。
4. 根据行业规范，谁铺设谁承担保修责任。基础层面或龙骨不由我公司铺设，该部分我公司不负责任。建议客户基层施工由本公司承担，以确保您的合法权益。

客户签字：

公司监督电话： 　　　　　　　　　　　　　　　　　　　　　　　　　　年 　月 　日

附表7-3 地板铺设任务单

铺设人员纪律：

1. 必须持证上岗，外表整齐、工具齐、辅料齐。

2. 必须严格执行铺设规范、工序，达到验收标准。

3. 必须随时虚心倾听客户意见，尽力满足客户铺装要求，但不能违背科学承诺。

4. 严禁向客户要吃、吸、喝、拿。随时做好施工记录，必要时可与客户补充铺设协议。

No.   年　月　日

客户		电话		地址	
材种		规格		数量	
铺设方法		铺设人		电话	
铺设内容	基层	面层	隔断	收口	踢脚板

地板基层条件：

地面含水率　　　　龙骨含水率　　　　地板含水率

龙骨规格　　　　　卫生间门口　　　　厨房门口

客厅中央　　　　　卧室中央　　　　　墙内地面线管

地板走向确定：
卧室1　　　　　　　　　　　　客厅
卧室2　　　　　　　　　　　　餐厅
卧室3　　　　　　　　　　　　其他

地板与其他地材衔接

地板与门口门高衔接

双方其他条件约定

隔断过桥：

踢脚板：

打蜡：

施工方签字：　　　　　　　　　　　　　　　　　　客户签字：

　　　　　　　　　　　　　　　　　　　　　　　年　月　日

附表 7-4　地板铺设验收单

铺设人员纪律：

1. 必须持证上岗, 外表整齐、工具齐、辅料齐。

2. 必须严格执行铺设规范、工序, 达到验收标准。

3. 必须随时虚心倾听客户意见。

4. 严禁向客户要吃、吸、喝、拿。

No.　　　　　　　　　　　　　　　　　　　　　　　　　　　年　月　日

客户		电话		地址	
材种		规格		数量	
铺设方法		工长姓名		电话	
铺设验收	平整度			过桥	
	拼接高度差			踢脚板	
	拼接缝隙			其他	
	伸缩缝				
铺设服务	是否挂牌上岗：　　　　是□　　　　　　　　　　　否□				
	服务态度：满意□　　　比较满意□　　　一般□　　　比较差□　　　不好□				
	欢迎对我公司服务提出您宝贵的建议和意见, 我们将对您的地板进行一年的保修				

施工方签字：　　　　　　　　　　　　　　　　验收方签字：

年　月　日

附表 7-5　客户回访调查单

尊敬的客户：

您好！衷心感谢您从市场上琳琅满目的地板种类中，最终选购了我们品牌的地板，并由我们来进行铺设。您的信赖，是对我们营销人员巨大的鼓舞，您是我们备受尊重的客户，我们对您使用我们品牌的地板负责，特地登门拜访，征求意见，盼能得到你们的支持。若在回访中给您带来众多不便，请予以原谅！

No.　　　　　　　　　　　　　　　　　　　　　　　　　　　　　　　　　　　年　月　日

客户名		电话		地址		
铺设日期	年　月　日	面积		材料规格		平均含水率
保养质量	好○　　较好○　　尚可○　　一般○　　较差○　　不好○					
回访措施	指导□　　　　清洁□　　　　打蜡□　　　　修缮□					
客户意见	地板质量					
	铺设要求					
	服务要求					
要求	回访人：　　　　　　　　　　　　　　　客户签字： 　　　　　　　　　　　　　　　　　　　　　　年　月　日					

附表 7-6　客户投诉处理单

No.　　　　　　　　　　　　　　　　　　　　　　　　　　　　　年　月　日

地址			姓名		手机 / 电话	
休息日		材种		单价		销售日期
		数量				
铺设单位			销售地点			
电话			电话			
投诉内容	起拱□　　　瓦状□　　　漆裂□　　　离缝□　　　脱胶□　　　其他□					

客户要求：

_____

现场检测记录：

检测人：　　　　　　客户签字：
　　　　　　　　　　　年　月　日

_____

约定处理意见：

经办人：
年　月　日

处理结果：	回访结果：
客户签字： 　　　年　月　日	回访人： 　　　年　月　日

附录 8　128 种材料名总表

参考文献

[1] 刘鹏．东南亚热带木材 [M]．北京：中国林业出版社，1993.

[2] 美笑梅．拉丁美洲热带木材 [M]．北京：中国林业出版社，1999.

[3] 杨家驹，卢鸿俊．红木家具及实木地板 [M]．北京：中国建材工业出版社，2005.

[4] 浙江绍兴富得利木业有限公司．中国实木地板实用指南 [M]．北京：中国建材工业出版社，2003.

[5] 王传耀．木质材料表面装饰 [M]．北京：中国林业出版社，2006.

[6] 杨美鑫，高志华．木工安全技术 [M]．北京：电子工业出版社，1987.

[7] 高杨，肖芳．木地板鉴别、检验及消费维权指南 [M]．北京：中国建材工业出版社，2007.

[8] 徐钊．木质品涂饰工艺 [M]．北京：化学工业出版社，2000.

[9] 荣慧．中国木地板 300 问 [M]．北京：中国建材工业出版社，2010.

[10] 齐向东．实用木材检验 [M]．北京：化学工业出版社，2008.

[11] 贾娜．木材制品加工技术 [M]．北京：化学工业出版社，2015.

[12] 段新芳．木材变色防治技术 [M]．北京：中国建材工业出版社，2005.

[13] 高志华，杨美鑫．中国木门 300 问 [M]．北京：化学工业出版社，2020.

[14] 刘彬彬，方崇荣．中国地暖实木地板消费指南 [M]．北京：中国林业出版社，2018.

[15] 国家林业和草原局．实木地板 第 1 部分：技术要求：GB/T 15036.1—2018[S]．北京：中国标准出版社，2018.

[16] 全国人造板标准化技术委员会（SAC/TC 198）．仿古木质地板：LY/T 1859—2020[S]．北京：中国标准出版社，2020.

[17] 全国人造板标准化技术委员会（SAC/TC198）．木质地板铺装、验收和使用规范：GB/T 20238—2018[S]．北京：中国标准出版社，2018.

[18] 全国木材标准化技术委员会（SAC/TC 41）．地采暖用实木地板技术要求：GB/T 35913—2018[S]．北京：中国标准出版社，2018.

[19] 中华人民共和国住房和城乡建设部．地面辐射供暖供冷技术规程：JGJ 142—2012[S]．北京：中国建筑工业出版社，2013.

[20] 翁少斌．中国三层实木复合地板 300 问 [M]．北京：中国建材工业出版社，2015.